IUV-ICT
技术实训
教学系列
丛书

IUV-4G移动通信技术实战指导

（特装版）

陈佳莹 张溪 林磊◎编著

人民邮电出版社
北京

图书在版编目（CIP）数据

IUV-4G移动通信技术实战指导（特装版）：特装版 / 陈佳莹，张溪，林磊编著. -- 北京：人民邮电出版社，2016.5
（IUV-ICT技术实训教学系列丛书）
ISBN 978-7-115-41157-0

Ⅰ. ①I… Ⅱ. ①陈… ②张… ③林… Ⅲ. ①无线电通信—移动通信—通信技术 Ⅳ. ①TN929.5

中国版本图书馆CIP数据核字(2016)第028479号

内 容 提 要

本书基于《IUV-4G 全网规划部署线上实训软件》，结合软件操作指导，着重介绍规划部署案例的实训小单元，结合 4G 全网规划部署工作流程，本书实习单元包括网络拓扑规划案例、容量规划案例、无线核心网设备配置和数据配置等案例模块，为使用《IUV-4G 全网规划部署线上实训软件》的初学者及感兴趣的读者提供了一套详实的实战指导，便于读者更加全面系统地了解和掌握 4G 全网规划部署的知识点和应用技能。

本书的读者对象是需要通过 IUV-4G 软件平台，获得 4G 网络规划设计、网络建设、调测维护等工程项目的仿真实训的技术人员，也可作为高等院校通信技术专业 4G 全网建设课程的教材或参考书。

◆ 编　　著　陈佳莹　张　溪　林　磊
责任编辑　乔永真　李　静
责任印制　彭志环

◆ 人民邮电出版社出版发行　　北京市丰台区成寿寺路 11 号
邮编　100164　　电子邮件　315@ptpress.com.cn
网址　http://www.ptpress.com.cn

◆ 开本：787×1092　1/16
印张：5.5　　2016 年 5 月第 1 版
字数：124 千字　　2016 年 5 月北京第 1 次印刷

定价：68.00 元

读者服务热线：(010)81055488　印装质量热线：(010)81055316
反盗版热线：(010)81055315

前　言

随着移动宽带技术的大力发展，截至2015年10月，我国4G用户数已经突破3亿人，年均环比增长8%以上。同时，伴随着国家大力推进移动互联网，移动宽带技术“提速降费”措施的落实，传统行业不断向“互联网+”进行转型升级，4G用户数在未来的2年将会保持较高的增长态势，4G网络建设的大潮将会进一步发酵。

据不完全统计，全国4G移动基站数目在2015年年底突破了200万个。三大运营商在未来5年将继续加大基站建设投入，以保证4G业务纵深覆盖，覆盖率在未来2年将达到80%以上。移动基站建设带来的直接就业岗位达50万个以上，间接就业岗位更达70万个以上。

本套教材由IUV-ICT教学研究所编写，针对4G-LTE的初学和入门者，结合《IUV-4G全网规划部署线上实训软件》配套教学使用。

“4G移动通信技术”方向和“承载网通信技术”方向采用2+2+1的结构编写：2个核心技术方向和1个综合实训课程。

“4G移动通信技术”方向的教材有《IUV-4G移动通信技术》《IUV-4G移动通信技术实战指导》；“承载通信技术”方向的教材有《IUV-承载网通信技术》《IUV-承载网通信技术实战指导》；综合4G全网通信技术实训教材《IUV-4G全网规划部署进阶实战》。

2个核心技术方向均采用理论和实训相结合的方式编写，第一本是技术教材，注重理论和基础学习，配合随堂练习完成基础理论学习和实践；另一本实战指导是结合《IUV-4G全网规划部署线上实训软件》所设计的相关实训案例。

综合实训课程则将4G全网的综合网络架构呈现在读者面前，并结合实训案例、全网联调及故障处理，使读者能掌握到4G全网知识和常用技能。

本套教材理论结合实践，配合线上对应的学习工具，全面学习和了解4G-LTE通用网络技术，涵盖4G全网的通信原理、网络拓扑、网络规划、工程部署、数据配置、业务调试等移动通信及承载通信技术，对高校师生、设计人员、工程及维护人员都有很好的参考和实际意义。

本书分为12个实习单元，每个单元都通过实习说明、数据规划、实训步骤以及总结与思考等若干小节，结合具体案例说明，全面系统地介绍了本单元需要掌握的实训操作、知识点和应用技能，让读者跟着实操单元一起练习并思考，最终掌握该单元内容。

主要章节说明如下。

实习单元1，通过《IUV-4G全网规划部署线上实训软件》的网络拓扑规划案例任务介绍网络拓扑规划要点。

实习单元2和实习单元3，结合无线和核心网的规划案例的任务练习，按步骤介绍了无线的容量估算和覆盖估算步骤以及核心网各网元的容量规划内容。

实习单元 4～6，基于完成大型城市的无线机房配置任务，系统地介绍了需要完成的物理设备配置、数据规划和无线数据配置。

实习单元 7～10，基于完成大型城市核心网机房部署任务案例，详细介绍了核心网机房物理配置的网元，以及各网元的数据规划和数据配置。

书中附带 I 学卡，学员使用 I 学卡账号在网站注册后，可以获得 IUV 仿真软件授权。让我们加入 IUV 学习社区，一起学习，共同提高！

目　录

实习单元 1

网络拓扑规划

1.1 实习说明

1.1.1 实习目的

掌握 LTE 核心网的各个主要网元。

掌握 LTE 核心网的网络拓扑搭建。

1.1.2 实习任务

1. 单平面网络拓扑连线。
2. 双平面网络拓扑连线。

1.1.3 实习时长

2 课时

1.2 拓扑规划

打开软件的拓扑规划模块，可以看到核心网机房的拓扑规划，如图 1-1 所示。

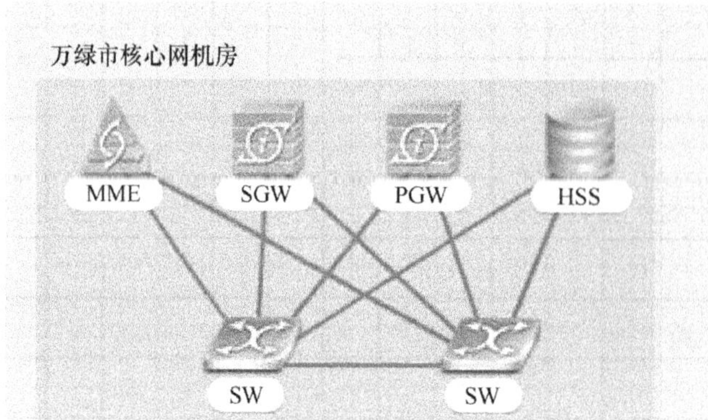

图 1-1

1.3 实习步骤

任务一：单平面网络拓扑连线

步骤 1：打开仿真软件，选择最上方按钮  。

步骤 2：然后单击软件界面左上方的  按钮。

步骤 3：鼠标左键单击软件界面右上方资源池的  按钮并按住不放，将 MME 站点拖放至软件界面万绿市核心网第一个空白处，结果如图 1-2 所示。

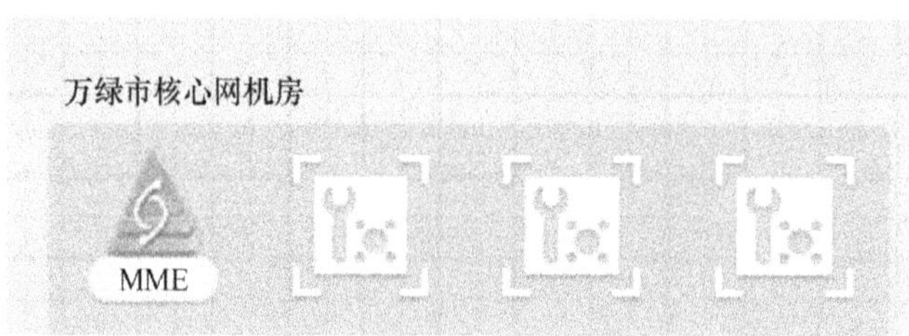

图 1-2

步骤 4：仿照步骤 3，依次将 SGW、PGW、HSS 拖放至万绿市核心网空白处（4 种网元次序可以改变），结果如图 1-3 所示。

图 1-3

步骤 5：单击万绿市核心网 MME 网元，然后再单击万绿市核心网下面的一个交换机，完成网络拓扑连接，结果如图 1-4 所示。

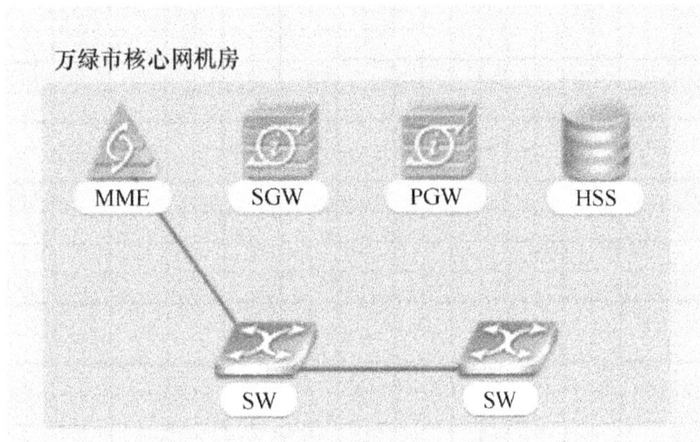

图　1-4

步骤 6：仿照步骤 5，单击万绿市核心网 SGW、PGW、HSS 网元，然后再单击万绿市核心网下面的一个交换机，完成网络拓扑连接，结果如图 1-5 所示。

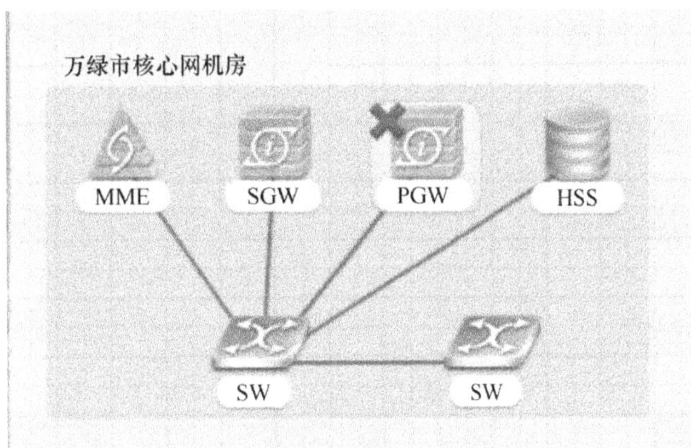

图　1-5

任务二：双平面网络拓扑连线

步骤 1：打开仿真软件，选择最上方的  按钮。

步骤 2：然后单击软件界面左上方的  按钮。

步骤 3：鼠标左键单击软件界面右上方资源池的  按钮并按住不放，将 MME 站点拖放至软件界面万绿市核心网第一个空白处，结果如图 1-6 所示。

步骤 4：仿照步骤 3，依次将 SGW、PGW、HSS 拖放至万绿市核心网空白处（4 网元次序可以改变），结果如图 1-7 所示。

步骤 5：单击万绿市核心网 MME 网元，然后再单击万绿市核心网下面的两个交换机，完成网络拓扑连接，结果如图 1-8 所示。

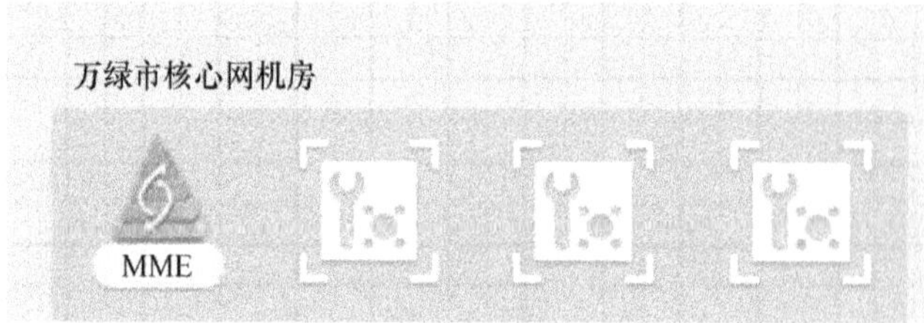

图 1-6

图 1-7

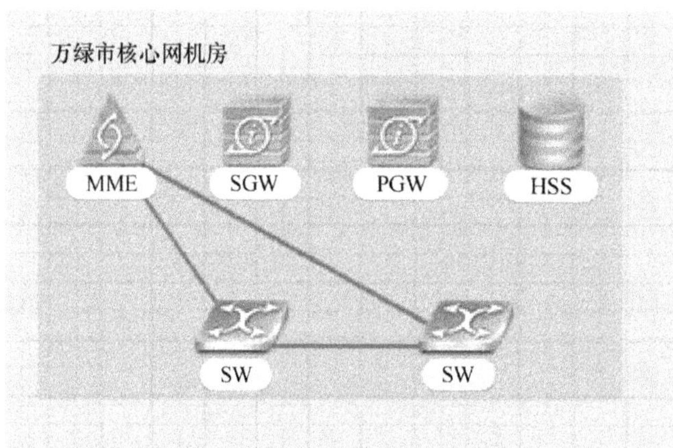

图 1-8

步骤 6：仿照步骤 5，单击万绿市核心网 SGW、PGW、HSS 网元，然后再单击万绿市核心网下面的两个交换机，完成网络拓扑连接，结果如图 1-9 所示。

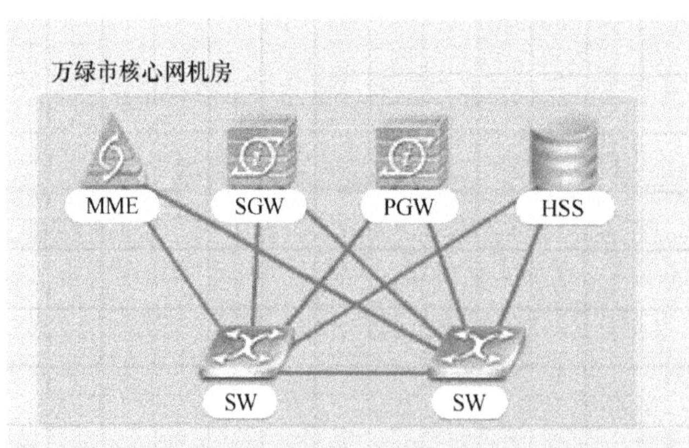

图 1-9

1.4　总结与思考

1.4.1　实习总结

网络的拓扑结构与网络连线有关，会随着站点数量和物理位置的变化而变化。

1.4.2　思考题

配置双平面有什么作用？

1.4.3　练习题

请完成千湖市核心网的网络拓扑图。

实习单元 2

无线接入网容量规划

2.1 实习说明

2.1.1 实习目的

掌握无线接入网容量估算的方法。
掌握无线接入网覆盖估算的方法。

2.1.2 实习任务

1. 完成大型城市无线接入网的容量估算（以万绿市为例）。
2. 完成大型城市无线接入网的覆盖估算（以万绿市为例）。

2.1.3 实习时长

4 课时

2.2 容量规划

容量规划的界面如图 2-1 所示。

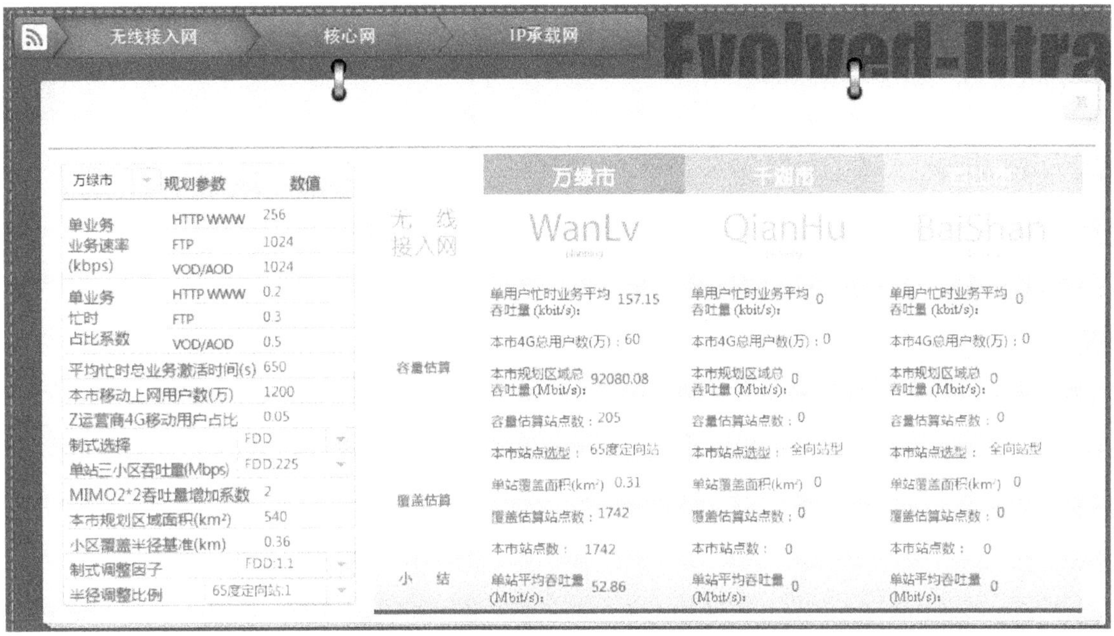

图　2-1

2.3　实习步骤

任务一：无线接入网容量估算

步骤 1：打开仿真软件，选择最上方的 

按钮。

步骤 2：然后单击软件界面左上方的 

按钮。

步骤 3：再单击软件界面左边的 

按钮，进入万绿市主界面，通过对万绿市的背景介绍分析选择。

。

步骤 4：鼠标左键单击软件界面右下方的  按钮，进入容量估算界面，首先估算单用户移动上网业务忙时平均流量需求，现将移动上网业务分成 3 种类型 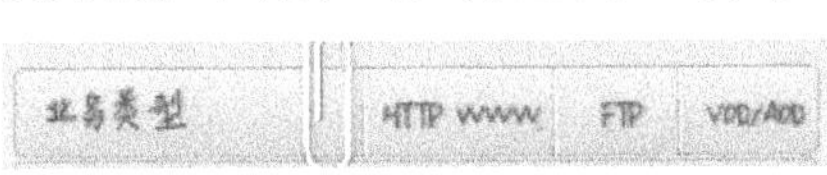

。先根据表格所给数据估算 HTTP WWW 业务的单业务平均数据流量，结果如图 2-2 所示。

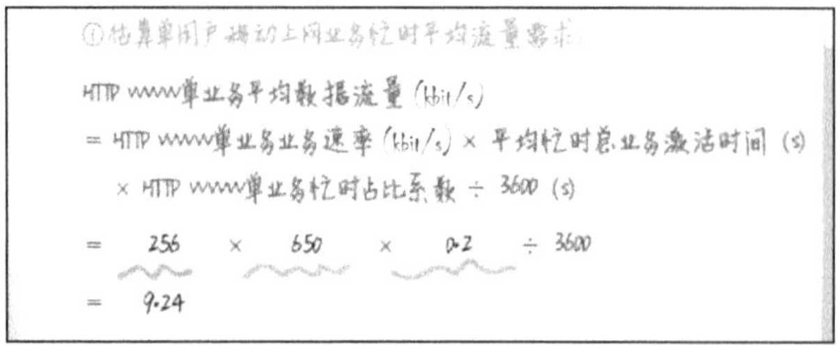
①估算单用户移动上网业务忙时平均流量需求:
HTTP www单业务平均数据流量(kbit/s)
= HTTP www单业务业务速率(kbit/s) × 平均忙时总业务激活时间(s)
× HTTP www单业务忙时占比系数 ÷ 3600(s)
= 256 × 650 × 0.2 ÷ 3600
= 9.24

图 2-2

步骤 5：再估算 FTP 业务的单业务平均数据流量，如图 2-3 所示。

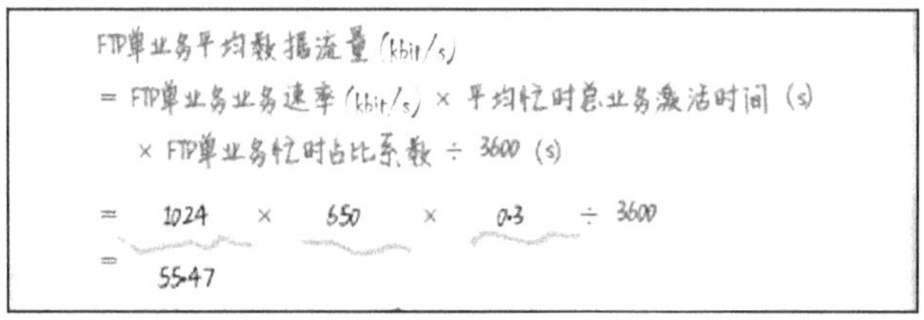
FTP单业务平均数据流量(kbit/s)
= FTP单业务业务速率(kbit/s) × 平均忙时总业务激活时间(s)
× FTP单业务忙时占比系数 ÷ 3600(s)
= 1024 × 650 × 0.3 ÷ 3600
= 55.47

图 2-3

步骤 6：再估算 VOD/AOD 业务的单业务平均数据流量，如图 2-4 所示。

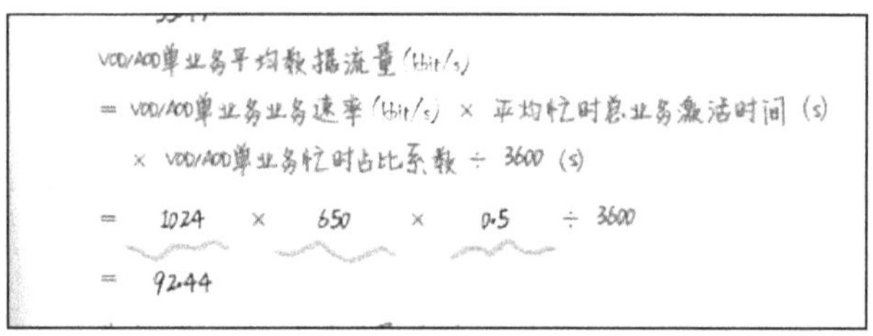
VOD/AOD单业务平均数据流量(kbit/s)
= VOD/AOD单业务业务速率(kbit/s) × 平均忙时总业务激活时间(s)
× VOD/AOD单业务忙时占比系数 ÷ 3600(s)
= 1024 × 650 × 0.5 ÷ 3600
= 92.44

图 2-4

步骤 7：单用户忙时业务平均吞吐量是 3 种业务平均数据流量之和，如图 2-5 所示。

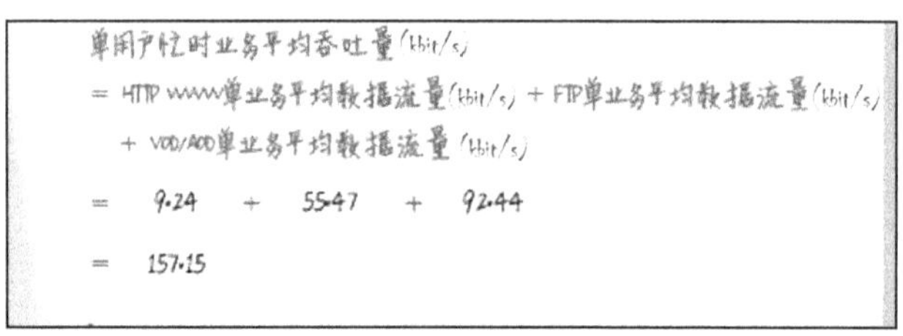
单用户忙时业务平均吞吐量(kbit/s)
= HTTP www单业务平均数据流量(kbit/s) + FTP单业务平均数据流量(kbit/s)
+ VOD/AOD单业务平均数据流量(kbit/s)
= 9.24 + 55.47 + 92.44
= 157.15

图 2-5

步骤 8：计算本市 4G 总用户数，如图 2-6 所示。

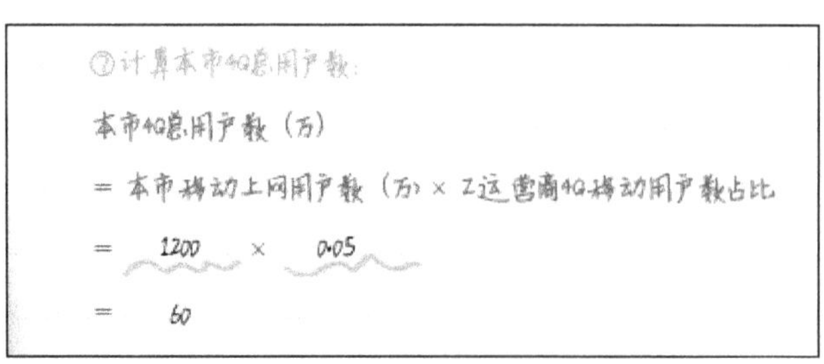
⑦计算本市4G总用户数:
本市4G总用户数(万)
= 本市移动上网用户数(万) × Z运营商4G移动用户数占比
= 1200 × 0.05
= 60

图 2-6

步骤 9：计算本市规划区域总吞吐量的需求，如图 2-7 所示。

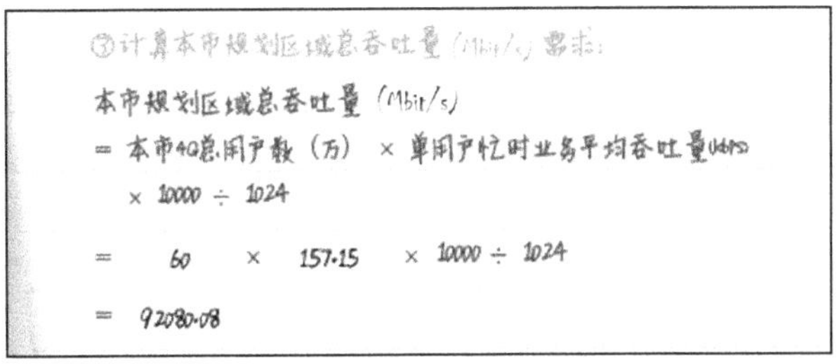

图　2-7

步骤 10：计算 MIMO-FDD 单站吞吐量，如图 2-8 所示。

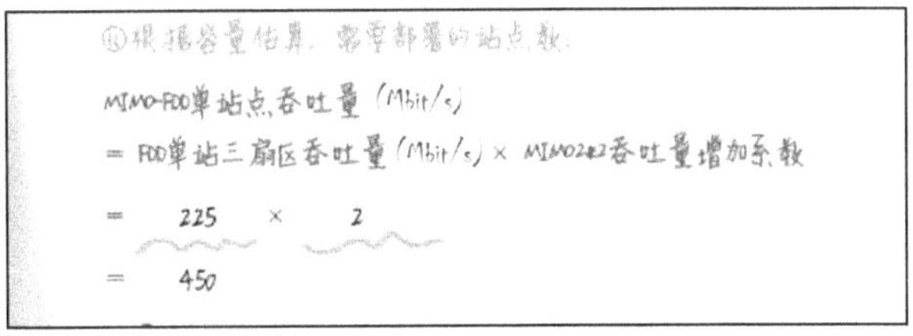

图　2-8

步骤 11：根据容量估算，计算出需要部署的站点数，如图 2-9 所示。

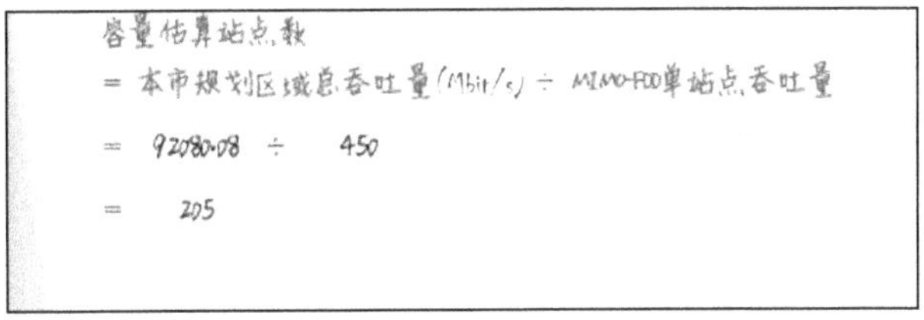

图　2-9

任务二：无线接入网覆盖估算

步骤 1：在完成无线接入网容量估算的基础上，单击  按钮进入覆盖估算界面，考虑到是大型城市的覆盖估算，所以选择站型的时候，选择 65 度定向站，如图 2-10 所示。

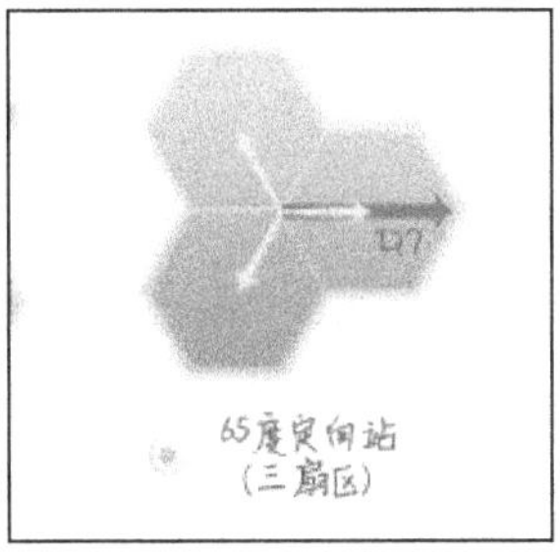

图　2-10

步骤 2：根据站点选型，得出小区覆盖半径，如图 2-11 所示。

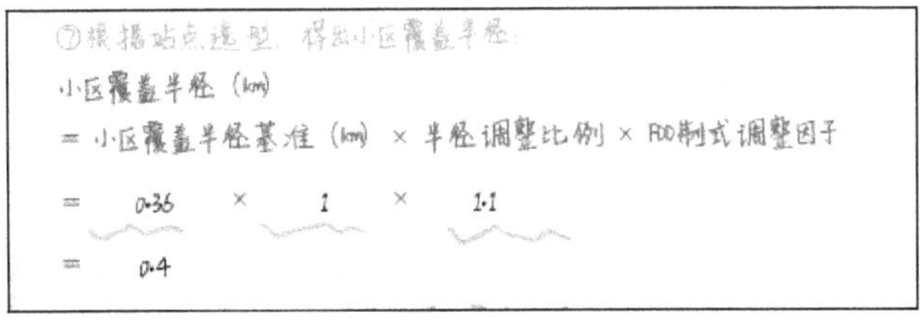

图　2-11

步骤 3：根据站点选型，计算单站最大覆盖面积，如图 2-12 所示。

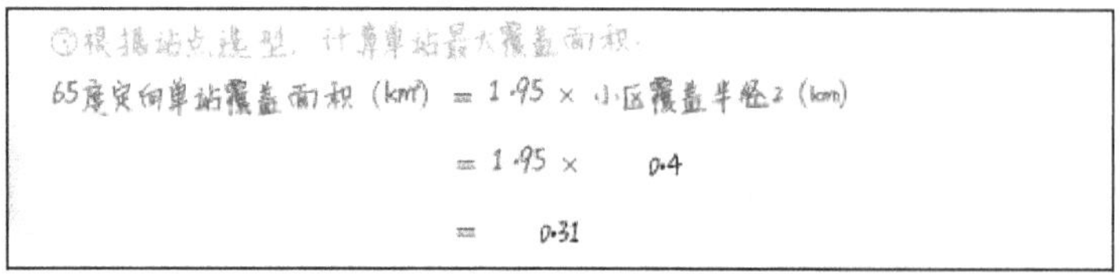
③根据站点选型，计算单站最大覆盖面积

65度定向单站覆盖面积（km²）= 1.95 × 小区覆盖半径2 (km)

= 1.95 × 0.4

= 0.31

图 2-12

步骤 4：计算覆盖估算站点数，如图 2-13 所示。

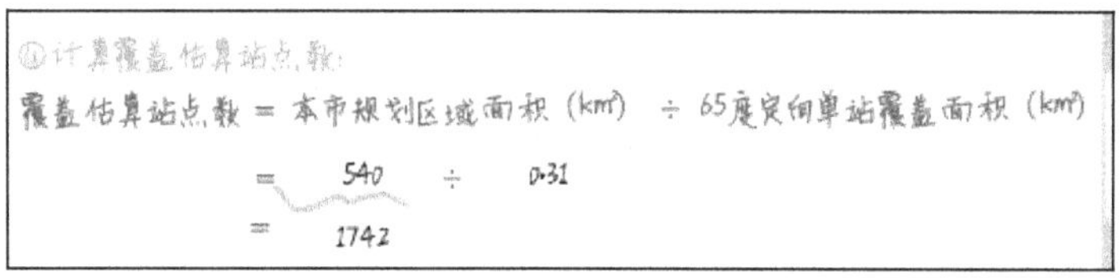
④计算覆盖估算站点数

覆盖估算站点数 = 本市规划区域面积（km²）÷ 65度定向单站覆盖面积（km²）

= 540 ÷ 0.31

= 1742

图 2-13

步骤 5：根据容量估算和覆盖估算两种方法得出的站点数，取较大的站点数，即为本市规划区域部署站点数，如图 2-14 所示。

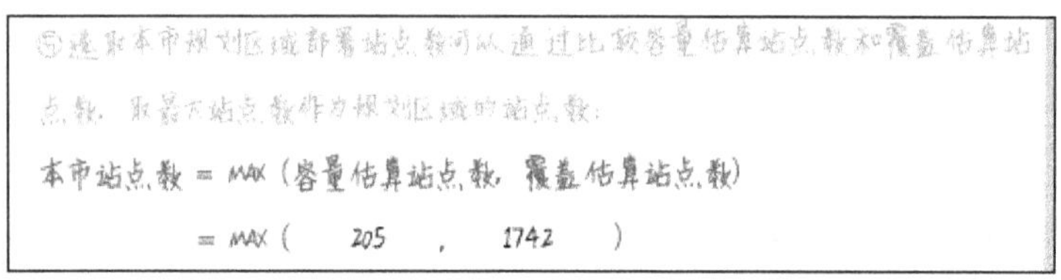
⑤选取本市规划区域部署站点数可以通过比较容量估算站点数和覆盖估算站点数，取最大站点数作为规划区域的站点数

本市站点数 = MAX（容量估算站点数，覆盖估算站点数）

= MAX（205，1742）

图 2-14

步骤 6：根据本市规划区域部署站点数，得出单站吞吐量，如图 2-15 所示。

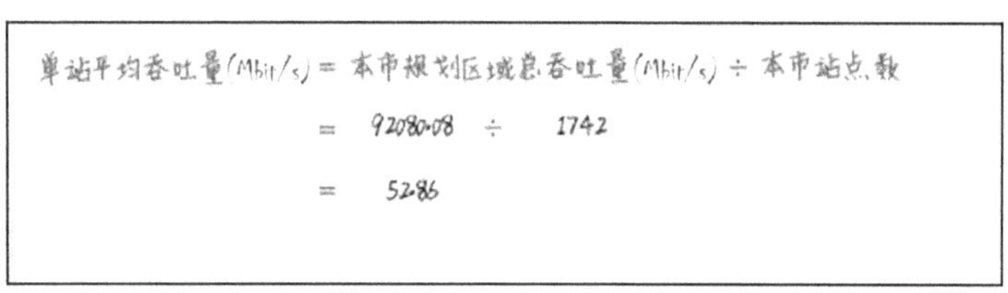
单站平均吞吐量(Mbit/s) = 本市规划区域总吞吐量(Mbit/s) ÷ 本市站点数

= 92080.08 ÷ 1742

= 52.86

图 2-15

2.4 总结与思考

2.4.1 实习总结

在无线按入网容量规划中，容量估算和覆盖规划是两种不同的估算方法，哪种方法更能体现现网的需求，就选取哪种。

2.4.2　思考题

在规划中型城市或者小型城市的时候应该如何选取模型，并且在覆盖估算的时候应该如何选取站型？

2.4.3　练习题

请完成中型城市（以千湖市为例）和小型城市（以百山市为例）的无线接入网的容量规划。

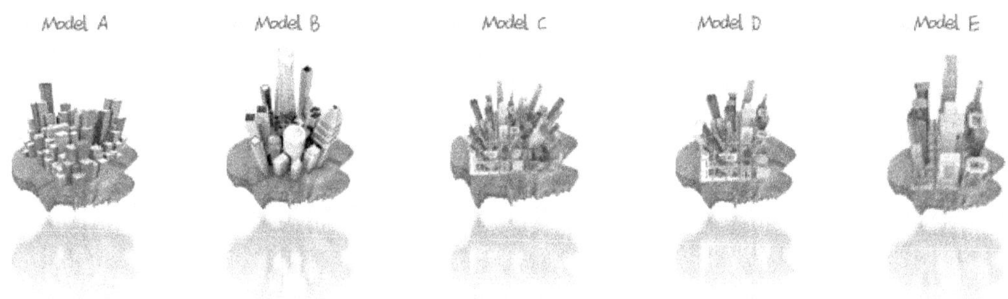

实习单元 3

核心网容量规划

3.1 实习说明

3.1.1 实习目的

了解影响 MME、SGW、PGW 网元容量估算的因素。

掌握 MME、SGW、PGW 网元估算的计算方法。

3.1.2 实习任务

1. 完成大型城市核心网 MME 的容量规划（以万绿市为例）。
2. 完成大型城市核心网 SGW 的容量规划（以万绿市为例）。
3. 完成大型城市核心网 PGW 的容量规划（以万绿市为例）。

3.1.3 实习时长

12 课时

3.2 核心网的容量规划

核心网的容量规划所涉及的参数如图 3-1 所示。

图　3-1

3.3　实习步骤

任务一：MME 系统容量估算

步骤 1：打开仿真软件，选择最上方的  按钮。

步骤 2：然后单击软件界面左上方的  按钮。

步骤 3：再单击软件界面左边的  按钮，进入万绿市主界面。然后单击自动同步无线侧参数，将无线侧容量规划的结果同步过来，结果如图 3-2 所示。

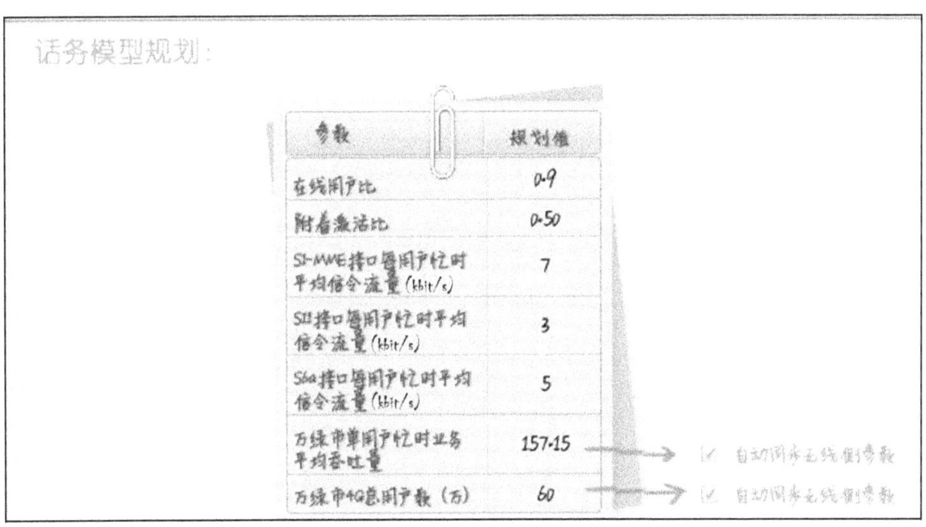

图　3-2

步骤 4：鼠标左键单击软件界面右下方的 按钮，进入 MME 容量估算界面。首先估算 SAU 数，SAU 为附着用户数，4G 总用户数包含 SAU 数与分离用户数之和。一般由于 MME 内存限制，支持的用户总数为 *A*，在线用户比例为 *a*，那么 MME 控制面处理模块支持的 SAU 数就是 *A***a*，结果如图 3-3 所示。

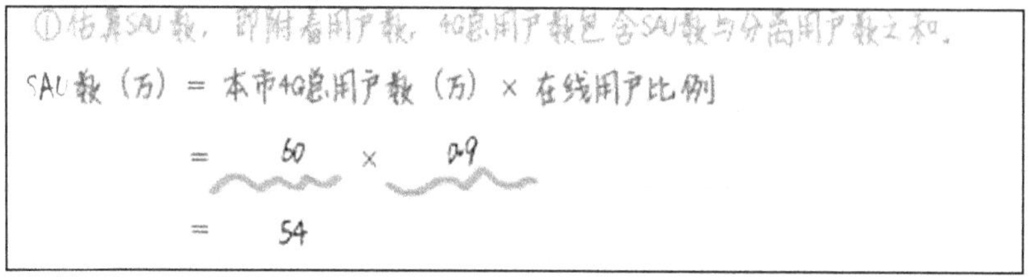

图 3-3

步骤 5：估算 MME 系统信令吞吐量，MME 为 EPC 系统中的纯控制网元，因此影响 MME 系统吞吐量的只有信令流量。而 MME 处理的吞吐量即为各接口信令流量之和，MME 信令接口包括 S1-MME 接口、S11 接口及 S6a 接口。先计算 S1-MME 接口信令流量，如图 3-4 所示。

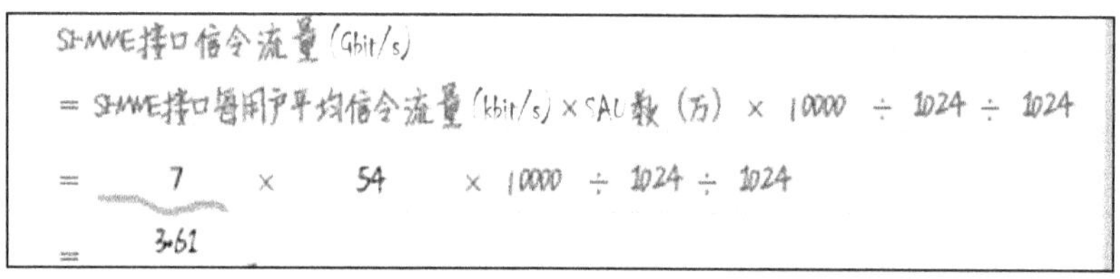

图 3-4

步骤 6：再计算 S11 接口信令流量，如图 3-5 所示。

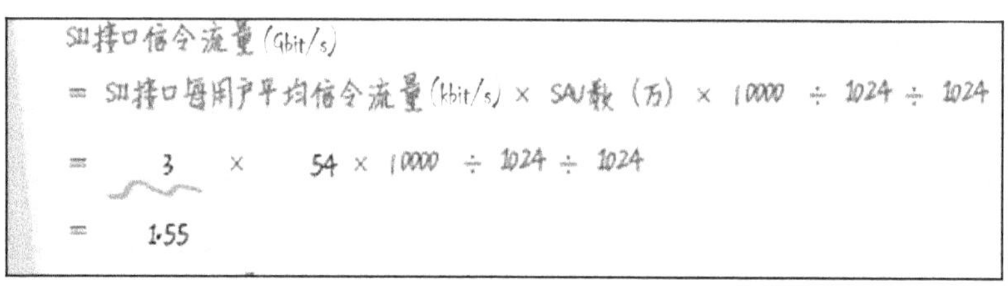

图 3-5

步骤 7：再计算 S6a 接口信令流量，如图 3-6 所示。

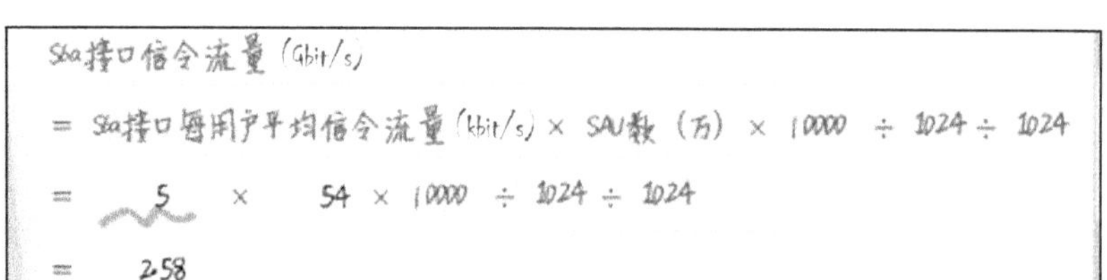

图 3-6

步骤 8：最后，总的 MME 系统信令吞吐量如图 3-7 所示。

系统信令吞吐量（Gbit/s）

= S1-MME 接口信令流量（Gbit/s）+ S11 接口信令流量（Gbit/s）+ S6a 接口信令流量（Gbit/s）

= 3.61 + 1.55 + 2.58

= 7.74

图 3-7

任务二：SGW 系统容量估算

步骤 1：在完成 MME 容量估算的基础上，单击 按钮进入 SGW 系统容量估算界面，SGW 设备容量主要由 SGW 支持的 EPS 承载上下文数、系统业务处理能力以及系统吞吐量决定。EPS 承载上下文数即为系统接入用户激活的总承载数量，是影响 SGW 处理能力的指标之一。LTE 用户是“永久在线”，也就是 LTE 接入用户附着网络后，根据业务需求以及签约信息，会建立至少一条默认承载或多条专有承载。因此，EPS 承载上下文数（万）=SAU 数（万）/附着激活比。首先计算 SGW 系统支持的 EPS 承载上下文数，如图 3-8 所示。

① 估算EPS承载上下文数，EPS承载上下文即为系统接入用户的总激活的承载数量。

SEP 承载上下文数（万）= SAU 数（万）÷ 附着激活比

= 54 ÷ 0.50

= 108

图 3-8

步骤 2：估算 SGW 系统处理能力，如图 3-9 所示。

② 估算SGW系统处理能力，即SGW系统处理的所有流量。

SGW 系统处理能力（Gbit/s）

= 单用户忙时业务平均吞吐量（kbit/s）× SAU 数（万）× 10000 ÷ 1024 ÷ 1024

= 157.15 × 54 × 10000 ÷ 1024 ÷ 1024

= 80.93

图 3-9

步骤 3：再估算 SGW 系统吞吐量，SGW 系统吞吐量=Max（SGW 进流量，SGW 出流量）。在纯 4G 接入情景下，SGW 的数据接口包括 S1-U 和 S5 接口。考虑 S1-U 接口和 S5 接口均采用 GTP 封装，开销长度为 62byte，以典型包大小为 500byte，可以认为 S1-U 上行接口流量等同于 S5 上行接口流量，同理 S1-U 下行接口流量等同于 S5 上行接口流量。因此 SGW 接口进/出流量=1/2（S1-U 接口流量+S5 接口流量）。首先计算 S1-U 接口流量，如图 3-10 所示。

S1-U接口流量（Gbit/s）= 单用户忙时业务平均吞吐量（kbit/s）× SAU数（万）
× （62+500）÷ 500 × 10000 ÷ 1024 ÷ 1024
= 157.15 × 54 ×（62+500）÷ 500 × 10000 ÷ 1024 ÷ 1024
= 90.97

图 3-10

步骤 4：再计算 S5 接口流量，如图 3-11 所示。

S5接口流量（Gbit/s）= 单用户忙时业务平均吞吐量（kbit/s）× SAU数（万）
× （62+500）÷ 500 × 10000 ÷ 1024 ÷ 1024
= 157.15 × 54 ×（62+500）÷ 500 × 10000 ÷ 1024 ÷ 1024
= 90.97

图 3-11

步骤 5：最后根据公式计算 SGW 系统吞吐量，如图 3-12 所示。

SGW系统吞吐量（Gbit/s）=【S1-U接口流量（Gbit/s）+ S5接口流量（Gbit/s）】× $\frac{1}{2}$
=（ 90.97 + 90.97 ）× $\frac{1}{2}$
= 90.97

图 3-12

任务三：PGW 系统容量估算

步骤 1：在完成 SGW 容量估算的基础上，单击 按钮进入 SGW 系统容量估算界面，PGW 容量规划主要考虑 PGW 需要支持的 EPS 上下文、系统业务处理能力以及系统吞吐量。首先估计 EPS 承载上下文数，EPS 承载上下文数即为系统接入用户的总激活的承载数量，是影响 PGW 处理能力的指标之一。EPS 承载上下文数（万）=SAU 数（万）/附着激活比，如图 3-13 所示。

①估算EPS承载上下文数，EPS承载上下文即为系统接入用户的总激活的承载数量。
EPS承载上下文数（万）= SAU数（万）÷ 附着激活比
= 54 ÷ 0.50
= 108

图 3-13

步骤 2：估算 PGW 系统处理能力，如图 3-14 所示。

②估算PGW系统处理能力，即PGW系统处理的所有流量。

PGW系统处理能力（Gbit/s）

$$= \text{单用户忙时业务平均吞吐量（kbit/s）} \times \text{SAU数（万）} \times 10000 \div 1024 \div 1024$$

$$= 157.15 \times 54 \times 10000 \div 1024 \div 1024$$

$$= 80.93$$

图　3-14

步骤 3：估算 PGW 系统吞吐量，在纯 4G 接入情景下，PGW 的数据接口包括 S5 和 SGi。SGi 接口一般考虑以太网接口封装，包头开销为 26byte。经统计 PGW 进流量约等于出流量，因此 PGW 系统吞吐量=1/2（S5 接口流量+SGi 接口流量），先计算 S5 接口流量，如图 3-15 所示。

$$\text{S5接口流量（Gbit/s）} = \text{单用户忙时业务平均吞吐量（kbit/s）} \times \text{SAU数（万）} \times (62+500) \div 500 \times 10000 \div 1024 \div 1024$$

$$= 157.15 \times 54 \times (62+500) \div 500 \times 10000 \div 1024 \div 1024$$

$$= 90.97$$

图　3-15

步骤 4：再计算 SGi 接口流量，如图 3-16 所示。

$$\text{SGi接口流量（Gbit/s）} = \text{单用户忙时业务平均吞吐量（kbit/s）} \times \text{SAU数（万）} \times (26+500) \div 500 \times 10000 \div 1024 \div 1024$$

$$= 157.15 \times 54 \times (26+500) \div 500 \times 10000 \div 1024 \div 1024$$

$$= 85.14$$

图　3-16

步骤 5：最后根据公式计算 PGW 系统吞吐量，如图 3-17 所示。

$$\text{PGW系统吞吐量（Gbit/s）} = \text{【SGi接口流量（Gbit/s）} + \text{S5接口流量（Gbit/s）】} \times \frac{1}{2}$$

$$= (85.14 + 90.97) \times \frac{1}{2}$$

$$= 88.06$$

图　3-17

3.4　总结与思考

3.4.1　实习总结

EPC 系统中各个网元的功能不同，因此影响各个网元的容量的因素以及系统容量的估算方法也各不相同。所以要求大家对应不同的网元选取合适的估算方法。

3.4.2 思考题

从对 MME、SGW、PGW 的容量规划中总结出这 3 个网元各自的作用。

3.4.3 练习题

请完成中型城市（以千湖市为例）的核心网容量规划。

实习单元 4

无线侧设备配置

4.1 实习说明

4.1.1 实习目的

掌握无线侧机房的各种网元的名称以及作用。
掌握连接各网元的线缆名称以及用途。

4.1.2 实习任务

完成大型城市无线侧机房的设备配置（以万绿市 A 站点机房为例）。

4.1.3 实习时长

8 课时

4.2 设备分配

LTE 无线侧设备配置涉及的网元如图 4-1 所示。

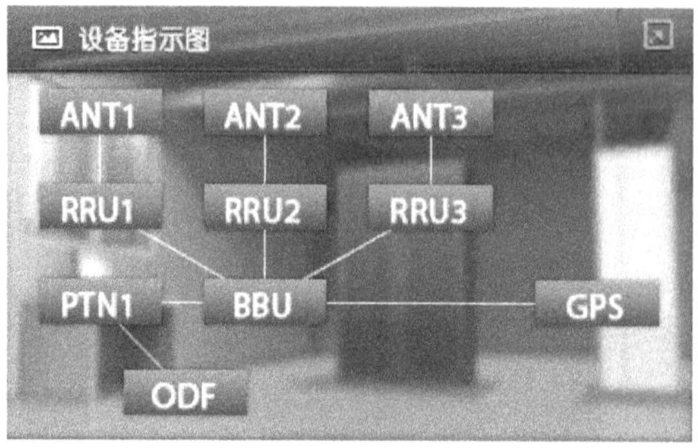

图 4-1

4.3 实习步骤

任务一：设备配置

步骤 1：打开仿真软件，单击最上方的

按钮。

步骤 2：然后在出现的一片机房里面找到

按钮，单击进入万绿市 A 站点机房，此时界面上出现机房的完整界面，如图 4-2 所示。

步骤 3：单击机房的门，进入机房内部，从左往右分别是装有 BBU 机柜、装有 PTN 的机柜以及 ODF 架，结果如图 4-3 所示。

图 4-2

图 4-3

步骤 4：首先单击一下最左边的柜子，进入 BBU 的机柜，发现右下角有设备池

，设备池里面有 BBU，鼠标左键单击 BBU，然后按住鼠标左键不放，将其拖到 BBU 机柜，结果如图 4-4 所示。

然后单击 BBU，进入 BBU 内部结构界面，如图 4-5 所示。

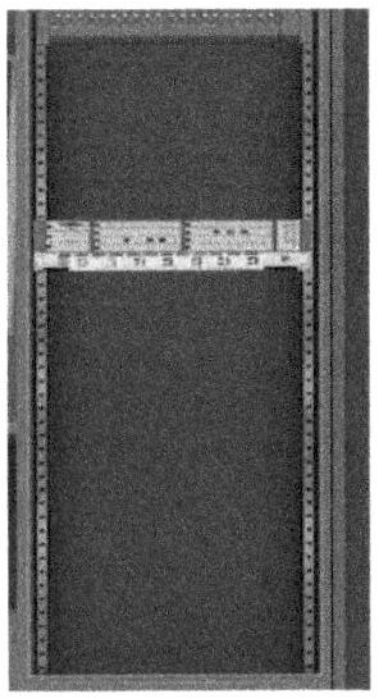

图　4-4

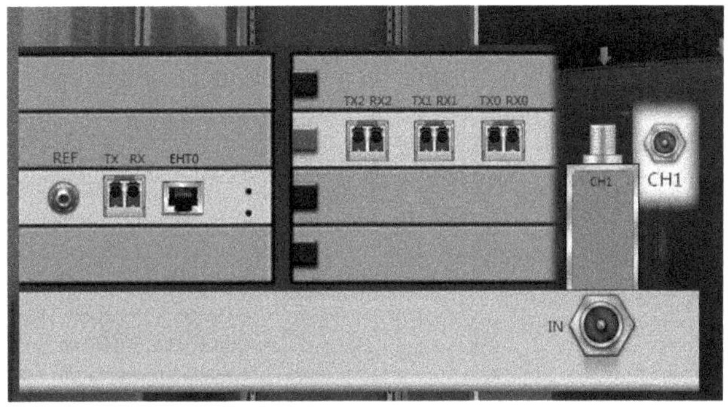

图　4-5

其内部接口如表 4-1 所示。

表 4-1　BBU 接口说明

接口名称	说　明
ETH0	GE/FE 自适应电接口，可用于连接 PTN
TX0/RX0～TX2/RX2	2 光接口，用于连接 eRRU
TX/RX	GE/FE 光接口（ETH0 和 TX/RX 接口互斥使用），连接 PTN
IN	外接 GPS 天线

步骤 5：单击左上角 按钮退回到 3 个机柜的界面，然后单击中间的柜子进入 PTN 界面，发现右下角有设备池 ，设备池里面有很多 PTN 和 RTN，在此软件中我们可以将 PTN 等同于路由器 RTN，在此机房我们只需选择一个小型的 PTN 即可，鼠标左键单击 按钮，然后找到小型 PTN，鼠标左键单击 PTN 并按住不放，将小型 PTN 拖到 PTN 机柜，结果如图 4-6 所示。

然后单击 PTN，进入 PTN 内部结构界面，可以看到小型 PTN 一共有 4 个槽位，第 1 个槽位有 4 个 GE 光口，第 2 个槽位有 4 个 GE 网口，第 3 和第 4 个槽位各有 1 个 10GE 的光口，如图 4-7 所示。

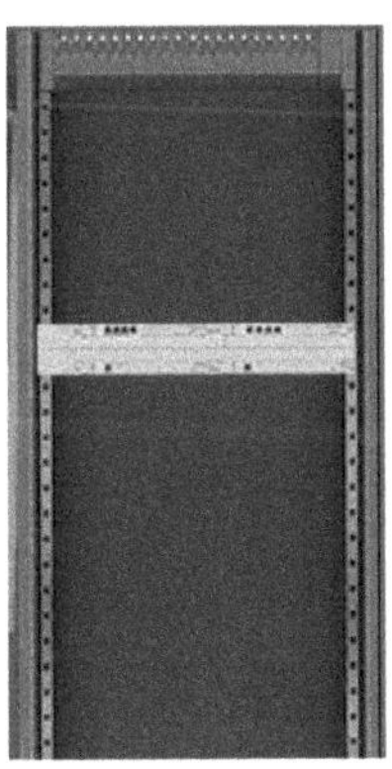

图　4-6

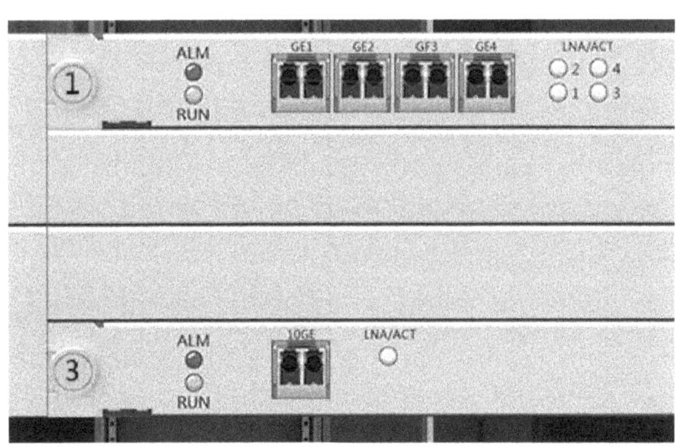

图　4-7

步骤 6：单击左上角 按钮退回到 3 个机柜的界面，然后单击右边的柜子进入 ODF 架界面，如图 4-8 所示。

鼠标左键单击蓝色框架，进入 ODF 架内部结构，光纤配线架是专为光纤通信机房设计的光纤配线设备，具有光缆固定和保护功能、光缆终接功能、调线功能，如图 4-9 所示。

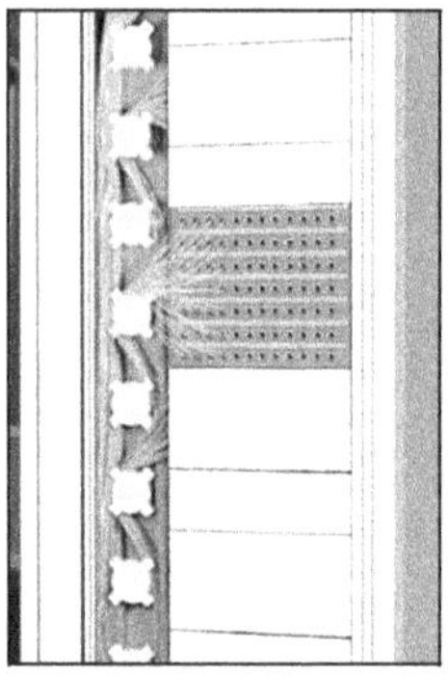

图 4-8

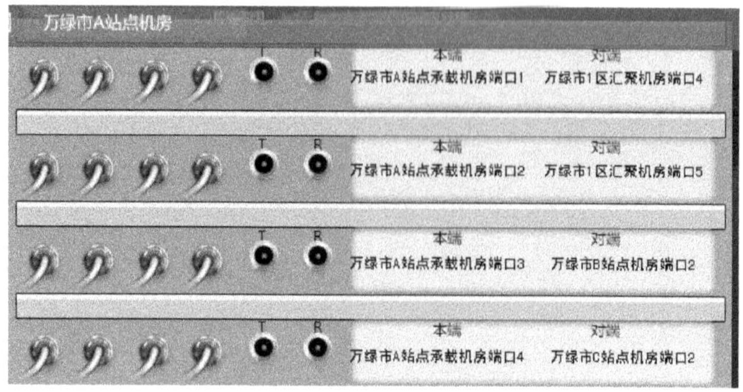

图 4-9

步骤 7：单击左上角按钮退回至完整机房界面，然后单击，进入 GPS 界面，如图 4-10 所示。

步骤 8：单击左上角按钮退回至完整机房界面，单击铁塔最上面的图标，进入安装 RRU 界面，因为此软件对 RRU 型号暂不作要求，所以我们从右边设备池里随便选一个 RRU，依次拖到右边出现红色方框的位置，结果如图 4-11 所示。

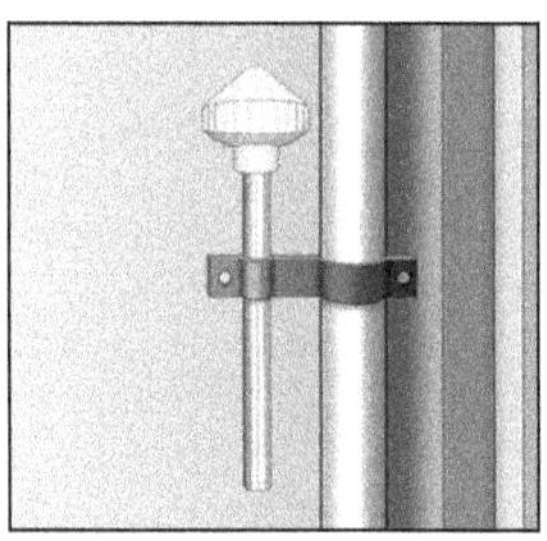

图 4-10

图 4-11

任务二：设备间连线

步骤 1：在完成任务一的前提下，我们单击进入万绿市 A 站点机房，然后可以看到右上角显示的设备指示图，在设备间连线的时候，主要根据此设备指示图来实现设备间切换，设备指示图如图 4-12 所示。

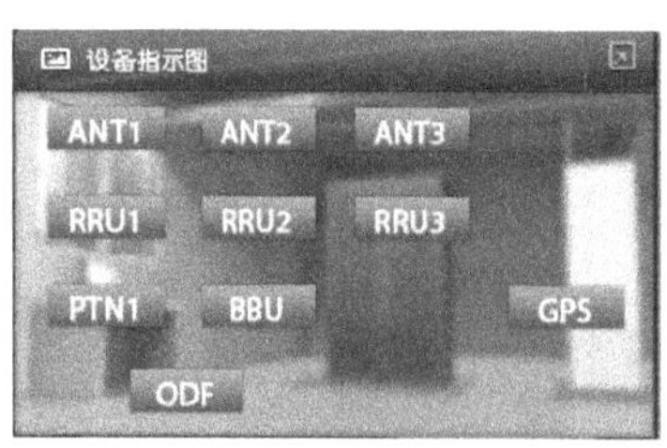

图 4-12

步骤 2：首先我们在设备指示图上单击 BBU 机柜，进入 BBU 内部结构，软件右下角出现线缆池，如图 4-13 所示。

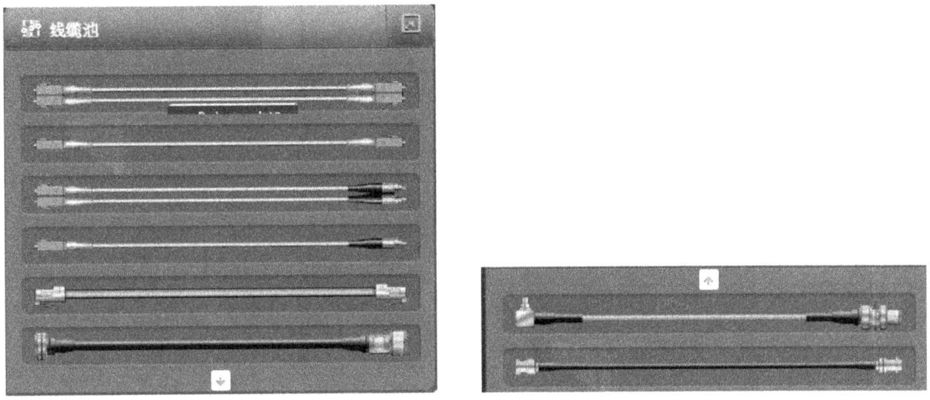

图　4-13

下面对此软件用到的线缆进行简要介绍，如表 4-2 所示。

表 4-2　线缆池线缆简介

线缆名称	介　绍	可连接端口
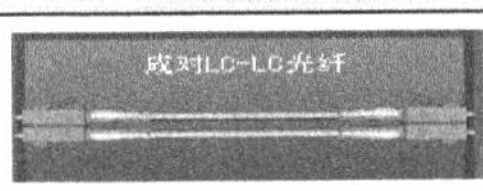	LC 接口是方形的（即常说的小头）	光口之间的连接，用于连接 BBU 和 RRU
	FC 外部加强方式采用金属套，紧固方式为螺钉扣，一般在 ODF 侧使用	用于连接 BBU 和 PTN
	线缆两端均为 8P8C 直式电缆压接屏蔽插头，电缆采用 FTP 超五类屏蔽数据线缆	网口之间的连接，用于连接 BBU 和 RRU
	GPS 馈线就是从设备到 GPS 的连接线，是专用的馈线，室外的馈线一般是 7/8，室内的是 1/2	用于连接 BBU 与 GPS

步骤 3：先进行 BBU 与 RRU 之间的连接，鼠标左键单击线缆池的成对 LC-LC 光纤并按住不放，发现 BBU 上面的 TX0-RX0～TX2-RX2 3 个光口呈现黄色状态，即可以插线缆，我们将光纤插到 TX0-RX0 口上，如图 4-14 所示。

然后单击右上角设备指示图上的 RRU1，发现 RRU1 上面的 OPT1 端口是黄色的，鼠标左键单击 OPT1，就把成对 LC-LC 线的另一端连接上了。将鼠标光标移到端口上就可以看到本端接口和对端接口的位置，如图 4-15 所示。

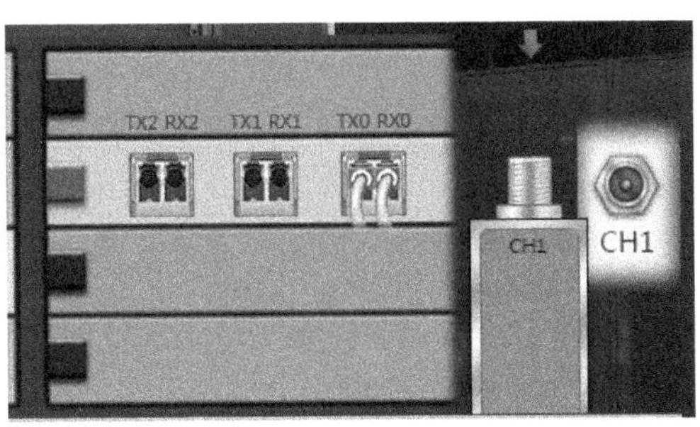

图　4-14

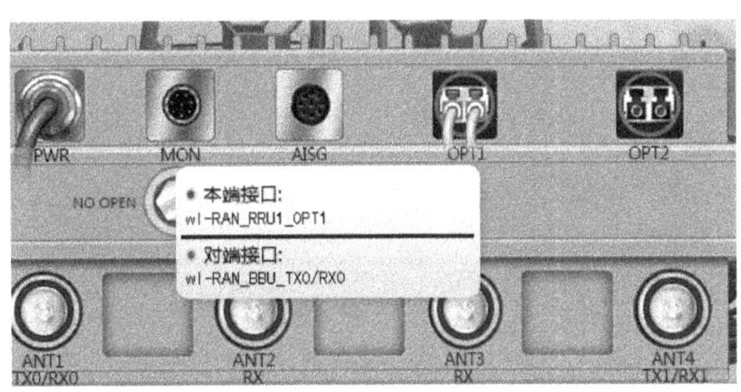

图　4-15

步骤 4：重复步骤 3，用 LC-LC 光纤完成 BBU 与 RRU2 和 RRU3 的连线，如图 4-16 所示。

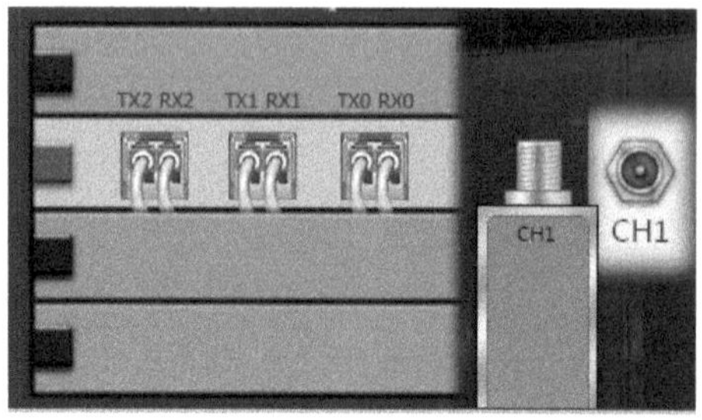

图 4-16

步骤 5：再进行 RRU 与天线之间的连线，因为默认使用 2*2 的天线模式，所以我们将 RRU 和天线的 ANT1 与 ANT4 连起来，在线缆池里选择天线跳线，鼠标左键单击 RRU1，再单击 RRU1 上的 ANT1，完成一端连接，然后单击设备指示图里的 ANT1，再单击 ANT1 里面的 ANT1，完成另一端的连接。用同样的方法完成 ANT4 的连线。最后分别完成 RRU2 和 RRU3 与天线的连接，如图 4-17 所示。

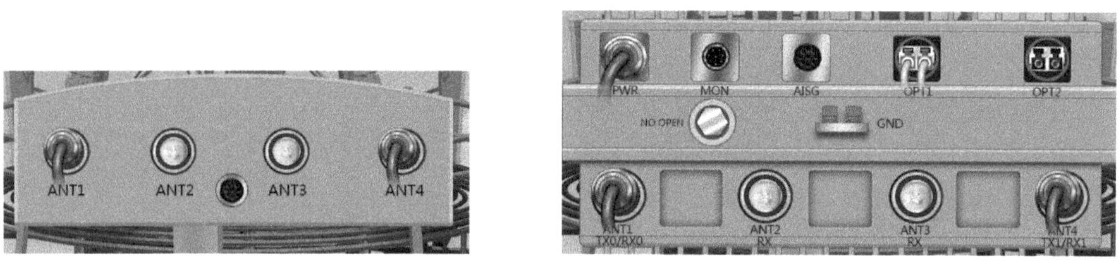

（a）　　（b）

图 4-17

步骤 6：下面我们进行 BBU 与 GPS 的连接，在线缆池里找到 GPS 馈线，单击 GPS 馈线，单击设备指示图的 BBU，然后将 GPS 馈线的一端连在 BBU 的 IN 端口上，然后单击设备指示图的 GPS，将另一端连好，如图 4-18 所示。

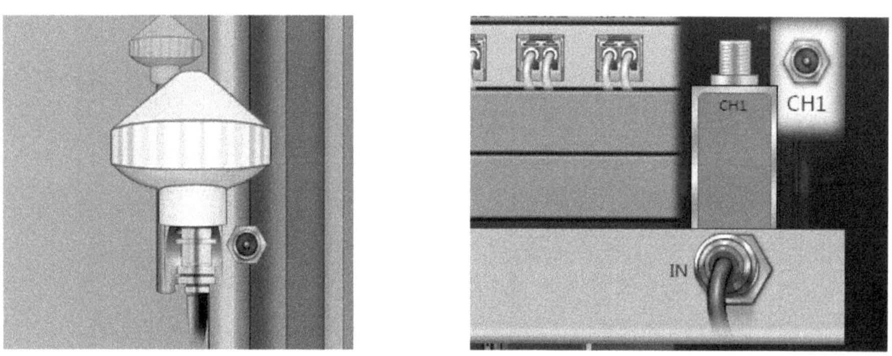

图 4-18

步骤 7：最后进行 BBU 与 PTN 的连接，在这里我们采用光纤连接，在线缆池里找到成对 LC-LC 光纤，单击成对 LC-LC 光纤，单击设备指示图的 BBU。然后将成对 LC-LC

光纤的一端连在 BBU 的 TXRX 端口上，单击设备指示图的 PTN，将另一端连在 PTN 槽位 1 的 GE1 上面（这里要求使用 GE 端口，所以槽位 1 一共有 4 个 GE 端口可以使用），如图 4-19 所示。

（a）

（b）

图　4-19

4.4　总结与思考

4.4.1　实习总结

在设备连线的过程中，因为设备之间的端口非常多，只有选择正确的端口才能保证设备间的互通，如果连接端口错误，会影响设备间的通信。

4.4.2　思考题

如果 RRU 与天线的连接接反，会出现什么样的结果？

4.4.3　练习题

请完成中型城市（以千湖市为例）和小型城市（以百山市为例）的无线侧机房设备配置。

实习单元 5

BBU 数据配置

5.1 实习说明

5.1.1 实习目的

掌握 BBU 网元配置。
掌握 BBU 与核心网的对接配置。

5.1.2 实习任务

完成大型城市无线接入网的 BBU 数据配置（以万绿市为例）。

5.1.3 实习时长

8 课时

5.2 数据规划

BBU 数据配置的数据规划如图 5-1 所示。

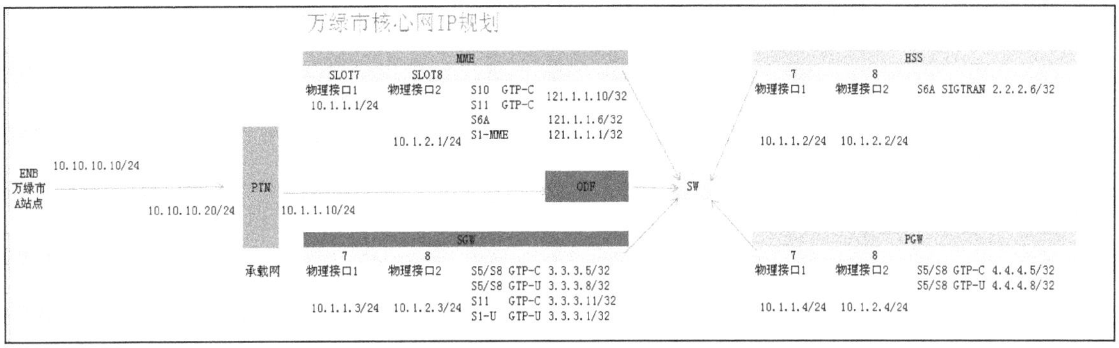

图　5-1

5.3　实习步骤

任务：BBU 数据配置

步骤 1：打开仿真软件，选择最上方的 数据配置 按钮。

步骤 2：然后单击软件界面左上方的 万绿市A站点机房_无线 按钮。

步骤 3：进入无线配置界面，如图 5-2 所示。

步骤 4：鼠标左键单击配置节点里面的 BBU 按钮，进入 BBU 数据配置界面，首先单击 网元管理 按钮，在右边弹出的界面中将数据填写完整，然后单击“确定”按钮，结果如图 5-3 所示。

图　5-2

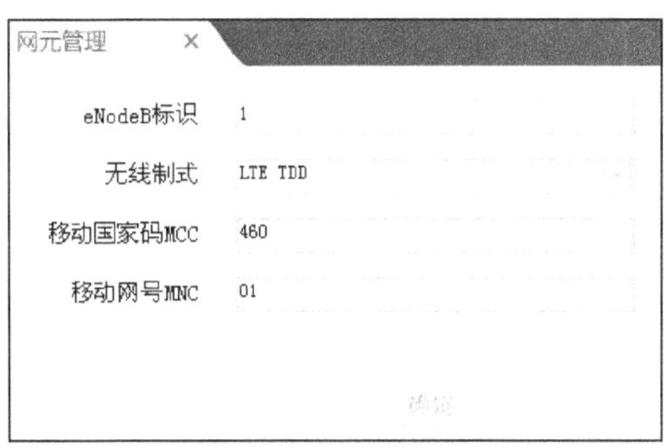

图　5-3

步骤 5：单击 IP配置 按钮，进行 BBU 的 IP 配置。其中，IP 配置就是数据规划里面的 ENODEB 数据，网关地址就是连接 ENODEB 的 PTN，完成后单击“确定”按钮，如图 5-4 所示。

步骤 6：再进行对接配置，在对接配置里有两个对接过程，第一个对接过程是 ENODEB 到 MME 的过程，即 SCTP 配置，远端 IP 地址就是 S1-MME 的地址，如图 5-5 所示。

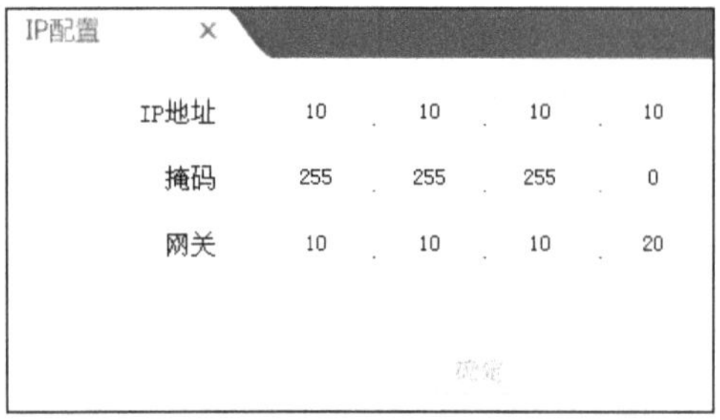

图 5-4

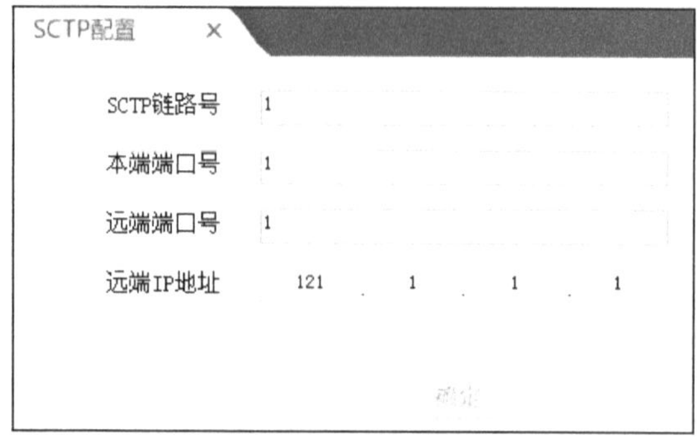

图 5-5

步骤 7：第 2 个对接过程是 ENODEB 到 SGW 的过程，即静态路由配置，目的 IP 地址就是 S1-U 的地址，如图 5-6 所示。

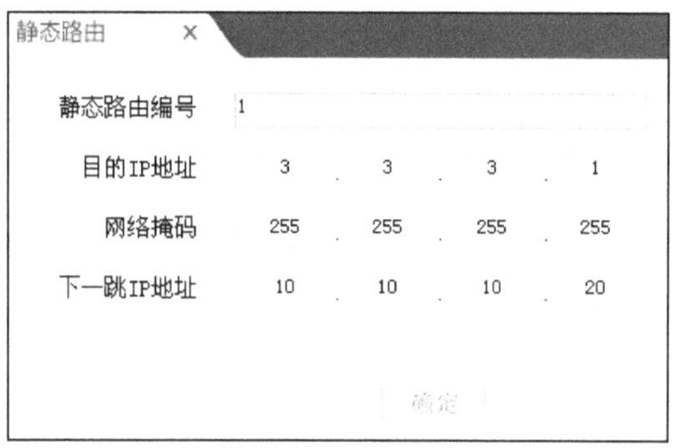

图 5-6

步骤 8：根据 BBU 与 RRU 的设备配置，将 BBU 的物理参数配置好，如图 5-7 所示。

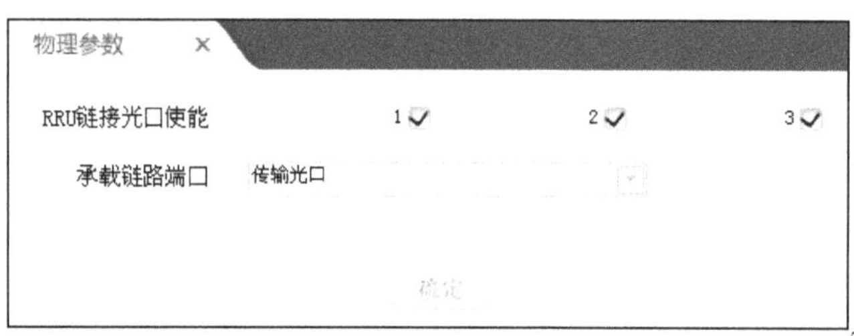

图 5-7

5.4 总结与思考

5.4.1 实习总结

在进行 BBU 数据配置的时候，一定要注意网关地址和下一跳地址都是与之相邻的 PTN 的地址。

5.4.2　思考题

在进行 BBU 与核心网的对接过程中，为什么下一跳的地址不是核心网的物理接口地址？

5.4.3　练习题

请完成中型城市（以千湖市为例）和小型城市（以百山市为例）的 BBU 数据配置。

实习单元 6

无线射频数据配置

6.1 实习说明

6.1.1 实习目的

掌握 RRU 射频配置。
掌握小区配置。
掌握邻区配置。

6.1.2 实习任务

1. 完成大型城市无线接入网的无线射频数据配置（以万绿市为例）。
2. 完成大型城市无线接入网的无线小区以及邻区的配置（以万绿市为例）。

6.1.3 实习时长

8 课时

6.2 数据规划

无线射频数据配置的数据规划举例如图 6-1 所示。

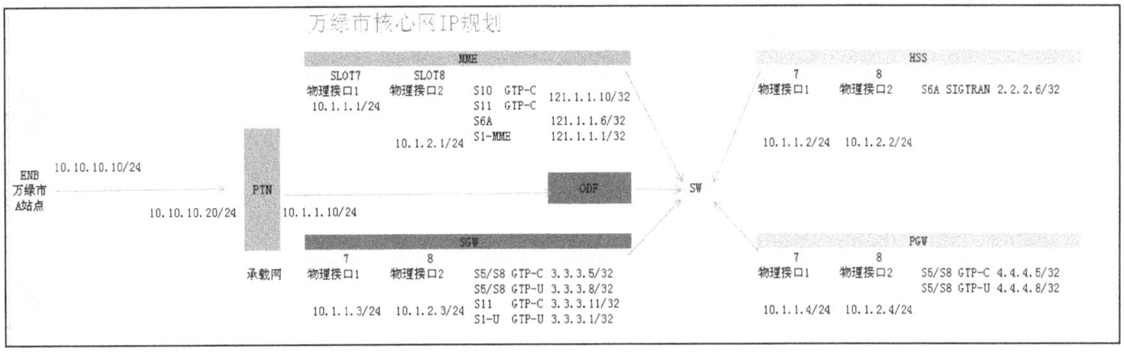

图　6-1

6.3　实习步骤

任务一：无线射频数据配置

步骤 1：打开仿真软件，选择最上方的 

按钮。

步骤 2：然后单击软件界面左上方的 

按钮。

步骤 3：进入无线配置界面（见图 6-2）。

图　6-2

步骤 4：鼠标左键单击配置节点里面的 RRU1 按钮，进入无线射频数据配置界面。单击射频配置，进入 RRU1 的射频配置界面。其中，支持频段范围根据选择 TDD 制式还是 FDD 模式来决定，RRU 收发模式根据 RRU 与 ANT 的具体连线模式选择相应的 MIMO 模式。同理，在发射和接收端口号相应位置打钩，结果如图 6-3 所示。

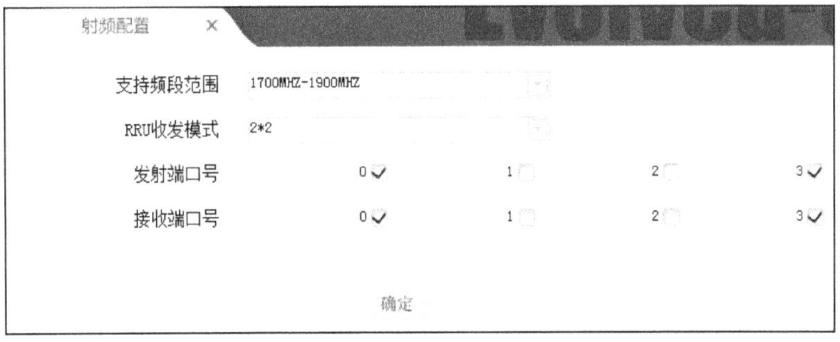

图　6-3

步骤 5：完成 RRU1 射频数据配置之后，RRU2、RRU3 的射频数据配置与 RRU1 相同，如图 6-4 所示。

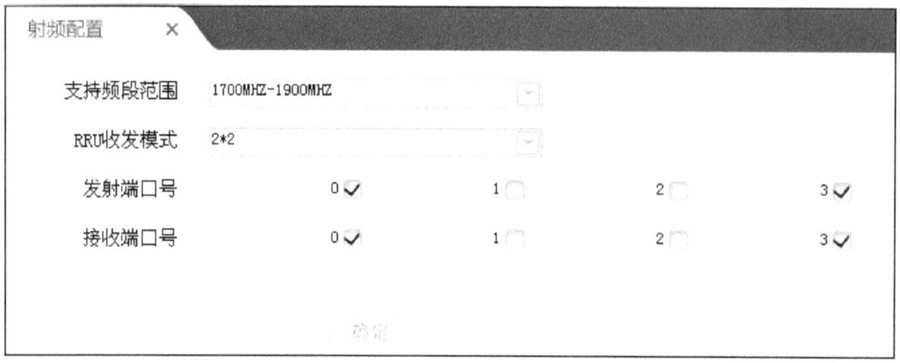

图 6-4

任务二：无线小区以及邻区配置

步骤 1：在完成任务一的前提下，单击无线参数，进行小区配置。因为设备配置里面配置了 3 个 RRU，所以我们创建 3 个小区。单击右上方的 按钮，先增加小区 1，其中，小区标示 ID 是每个小区一个，不能重复，TAC 是 4 位十六进制数，配置完成后如图 6-5 所示。

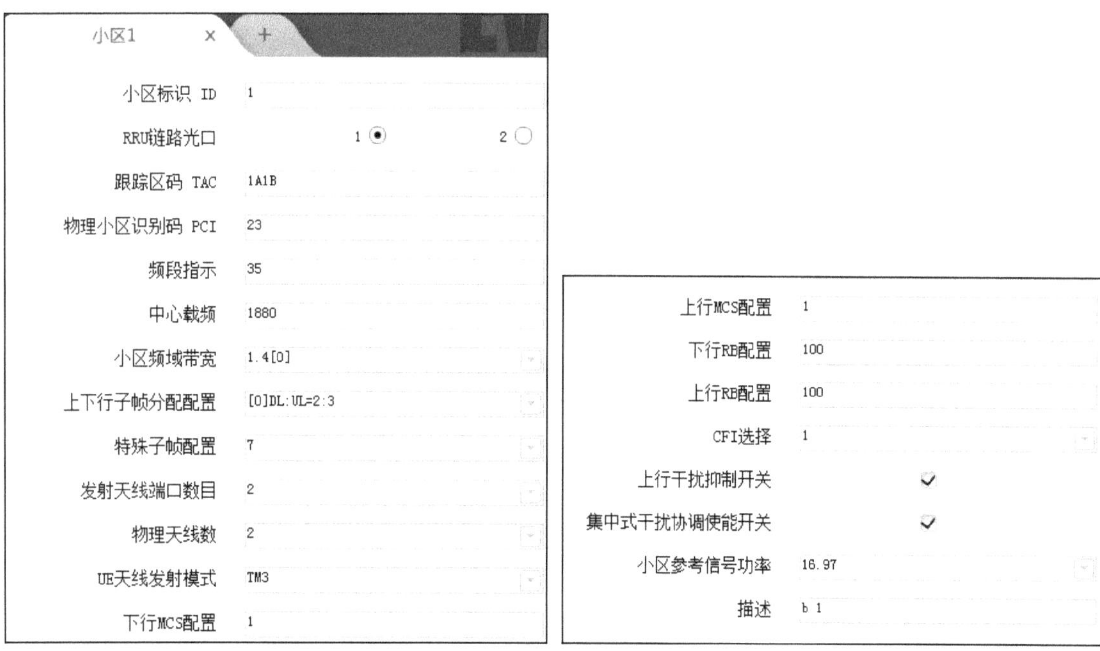

图 6-5

步骤 2：完成小区 1 的配置之后，继续完成小区 2 和小区 3 配置，如图 6-6（a）和图 6-6（b）所示。

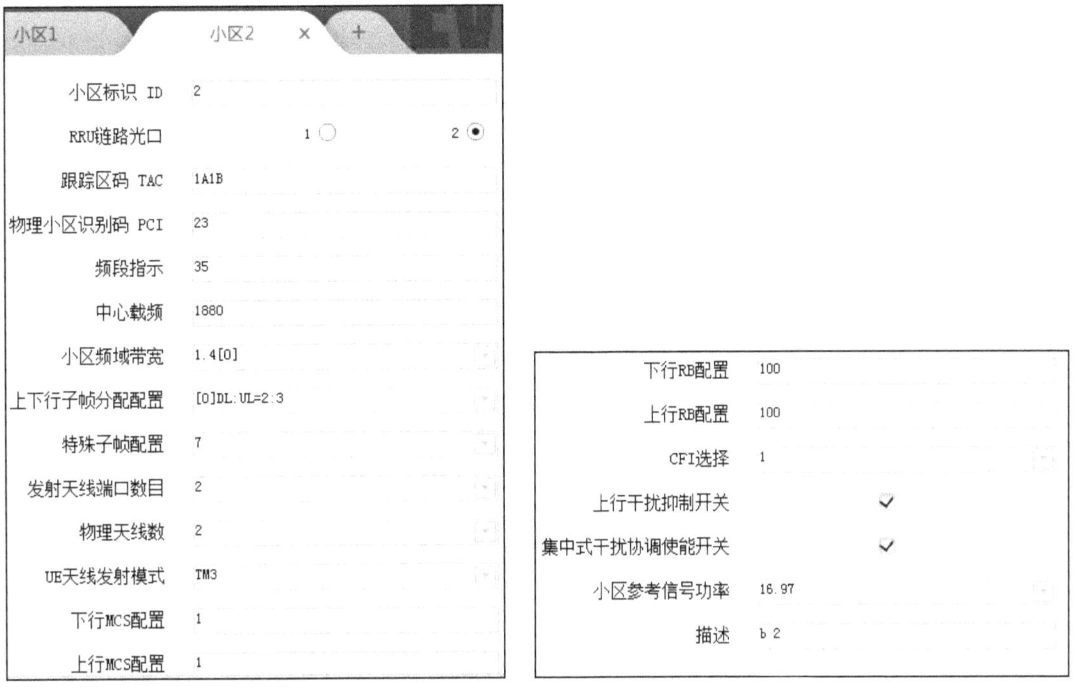

(a)

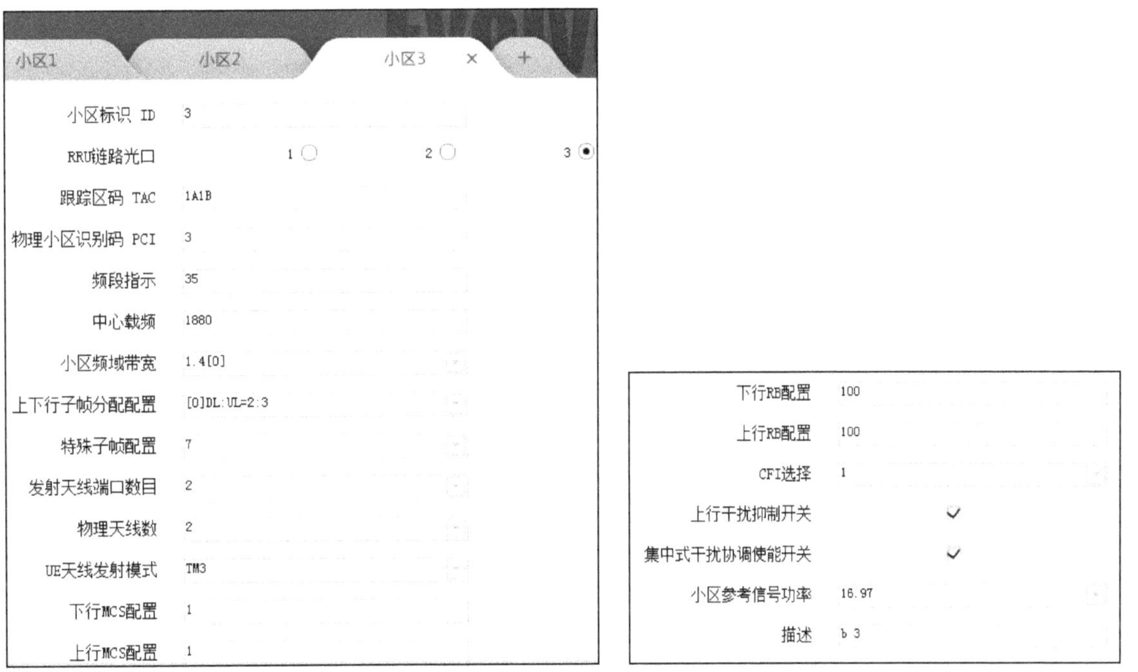

(b)

图 6-6

步骤 3：要想进行跨基站间的切换，必须对万绿市的基站做邻接小区配置，此时需要注意的是所做小区的基本信息一定要正确，首先做和中型城市（以千湖市为例）的邻接关系。如果将它的制式设为 TDD 模式，那么添加的邻接小区关系如图 6-7（a）、图 6-7（b）和图 6-7（c）所示。

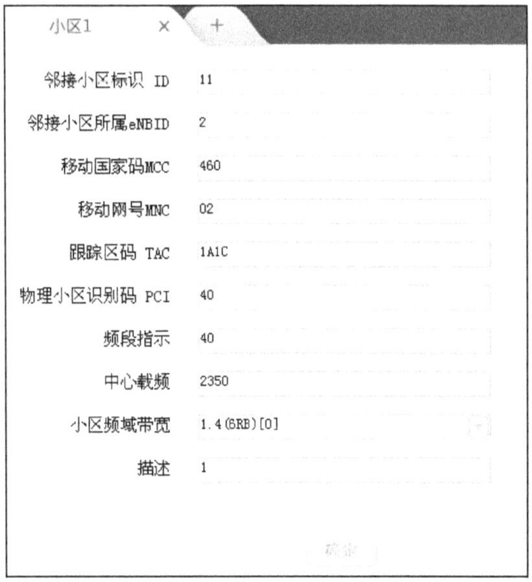

（a）

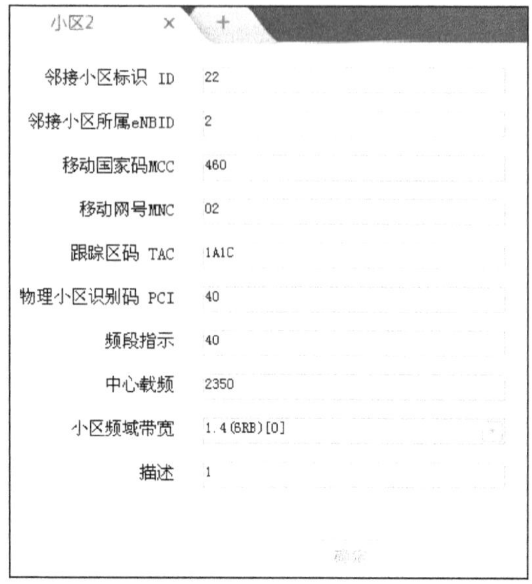

（b）

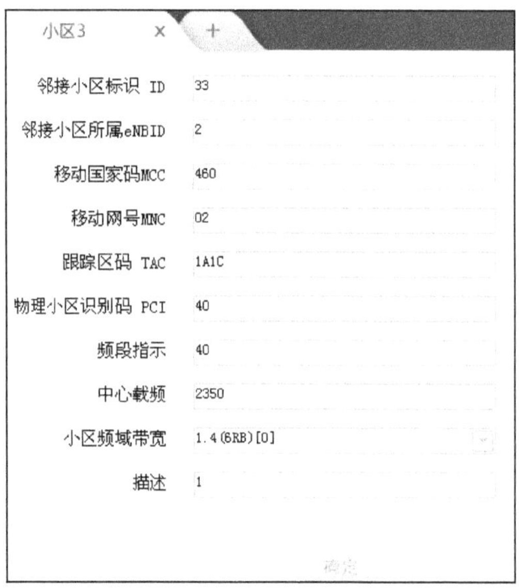

（c）

图 6-7

步骤 4：再做和小型城市（以百山市为例）的邻接关系，如果将它的制式设为 FDD 模式，那么添加的邻接小区关系如图 6-8（a）、图 6-8（b）和图 6-8（c）所示。

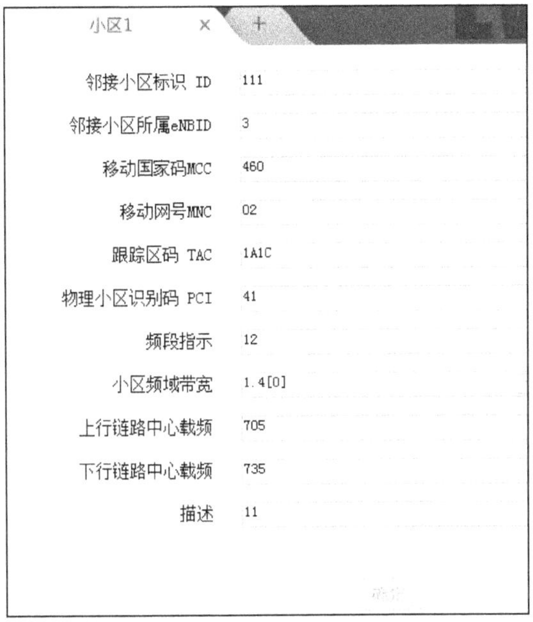

（a）

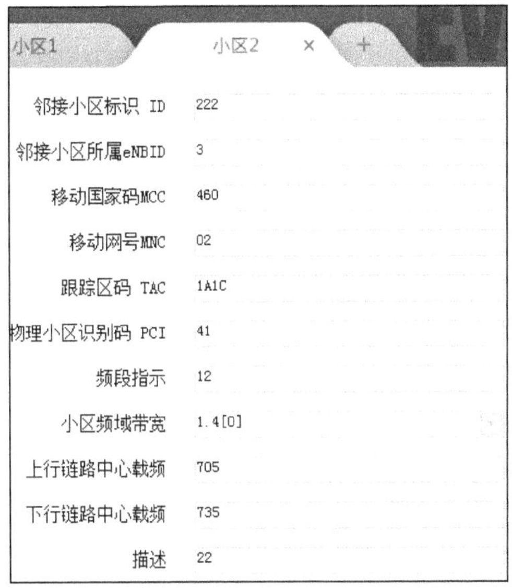

（b）

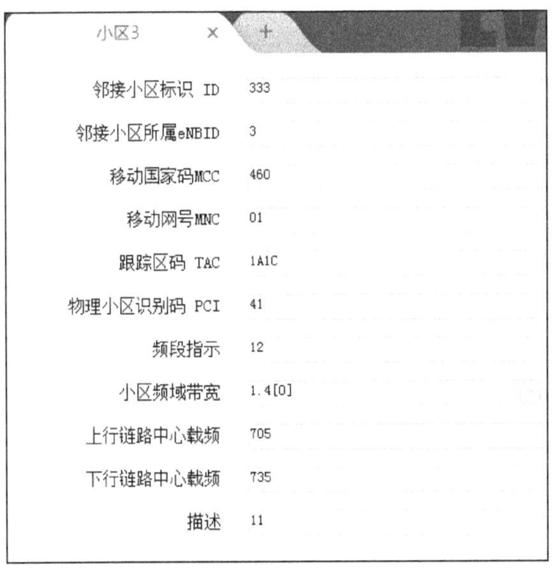

（c）

图　6-8

步骤 5：将所有邻接小区的配置添加完之后，做小区的邻接关系表配置，大型城市（以万绿市为例）有 3 个小区，因此需要做 3 个邻接关系表，单击 邻接关系表配置 按钮，首先添加第一个邻接关系表，单击 + ，将所有邻接关系都添加进去，结果如图 6-9 所示。

步骤 6：重复步骤 5，将小区 2，和小区 3 的邻接关系表也添加进去，完成后如图 6-10（a）和图 6-10（b）所示。

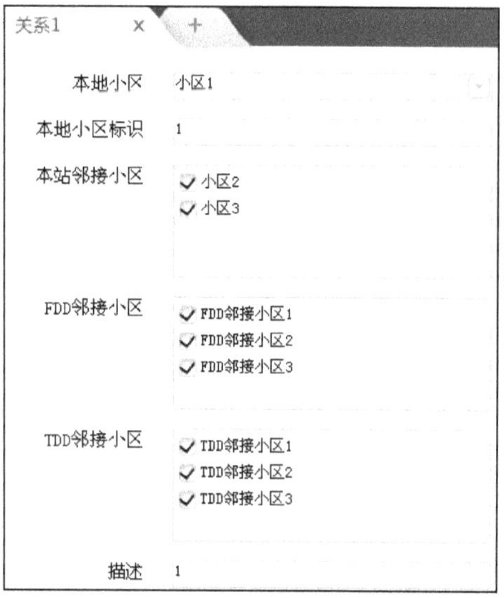

图 6-9

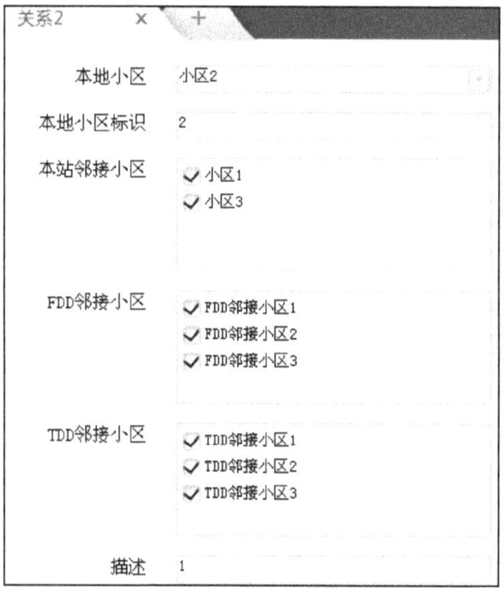

（a）

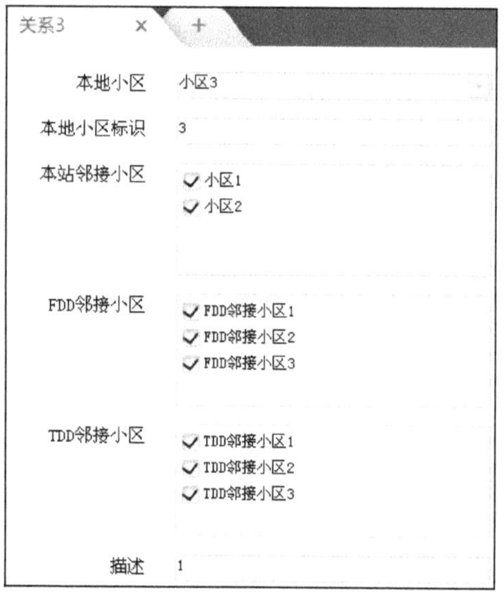

（b）

图 6-10

6.4 总结与思考

6.4.1 实习总结

在做小区的无线数据配置时，不管是本基站还是邻接基站的小区标识 ID 都不能重复，否则不能进行切换。

6.4.2　思考题

在做 RRU 射频配置时，3 个 RRU 所选频段能否不一致？

6.4.3　练习题

请完成中型城市（以千湖市为例）和小型城市（以百山市为例）的无线射频配置以及邻接小区配置。

实习单元 7

核心网设备配置

7.1 实习说明

7.1.1 实习目的

掌握核心网机房的各种网元的名称以及作用。

掌握连接各网元的线缆名称以及用途。

7.1.2 实习任务

完成大型城市核心网机房的设备配置（以万绿市核心网机房为例）。

7.1.3 实习时长

8 课时

7.2 设备分配

核心网设备配置涉及的网元包括 MME、SGW、PGW、HSS 及交换机、ODF 架，可参考设备截图如图 7-1 所示。

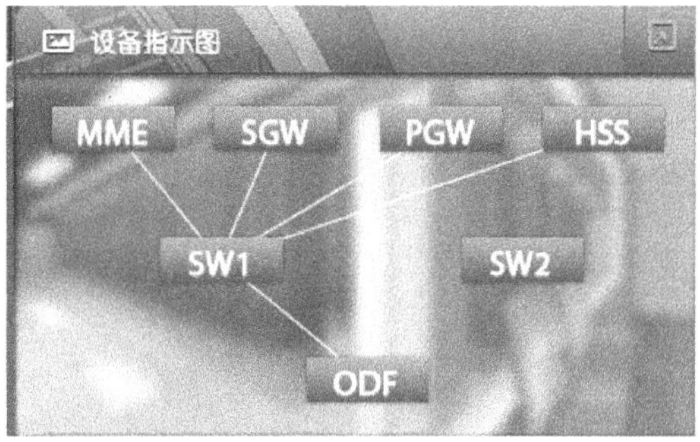

图　7-1

7.3　实习步骤

任务一：设备配置

步骤 1：打开仿真软件，选择最上方的

按钮。

步骤 2：然后在出现的一片机房里面找到

，单击进入万绿市核心网机房，此时界面上出现机房的完整界面。从左往右分别是装有 MME、SGW、PGW 的机柜，装有 HSS 的机柜以及 ODF 架，如图 7-2 所示。

图　7-2

步骤 3：首先单击最左边的柜子，进入装有 MME、SGW、PGW 的机柜，发现右下角有设备池 设备池，设备池里面有大、中、小型号的 MME、SGW、PGW，此时需要用到我们之前所做的容量规划的结果，如图 7-3 所示。

所以在选择型号的时候要参考上图的容量规划结果，例如选择 SGW 型号的时候，我们首先看容量规划的结果——EPS 承载上下文数为 108，系统处理能力为 80.93，系统吞吐量为 90.97。然后我们看设备池里面各种型号的 SGW，只有大型 SGW 满足这个需求，所以我们选择大型 SGW，依此方法可以选择出其他满足条件的大型 SGW，将之拖进机柜，结果如图 7-4 所示。

图 7-3

图 7-4

步骤 4：单击左上角的按钮，退回到 3 个机柜的界面，然后单击中间的柜子进入装有 HSS 的机柜，考虑到 MME 用大型号来处理 SAU 数 300W，HSS 也选择大型 HSS。结果如图 7-5 所示。

步骤 5：单击左上角的按钮，退回到 3 个机柜的界面，然后单击右边的柜子，进入 ODF 架界面，如图 7-6 所示。

鼠标左键单击蓝色框架，进入 ODF 架内部结构。光纤配线架是专为光纤通信机房设计的光纤配线设备，具有固定、保护、终接光缆功能和调线功能，如图 7-7 所示。

步骤 6：单击设备指示图里的 SW1，进入交换机界面，此版本的交换机用的是 2 层交换机，负责数据的转发。内部包括 6 个 10GE 光口、6 个 40GE 光口、6 个 100GE 光口，以及 6 个 GE 网口，内部结构如图 7-8 所示。

图　7-5

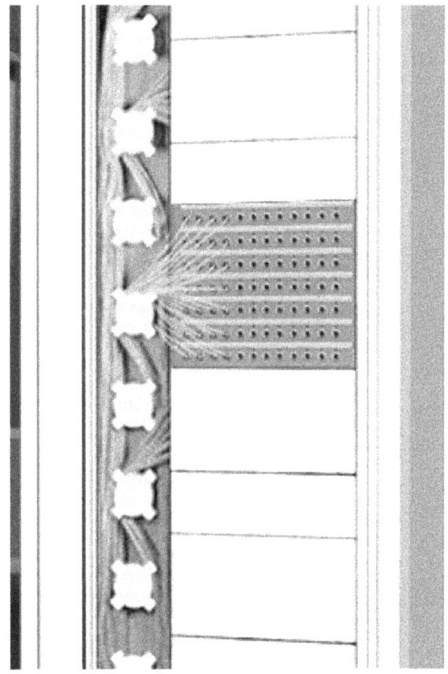

图　7-6

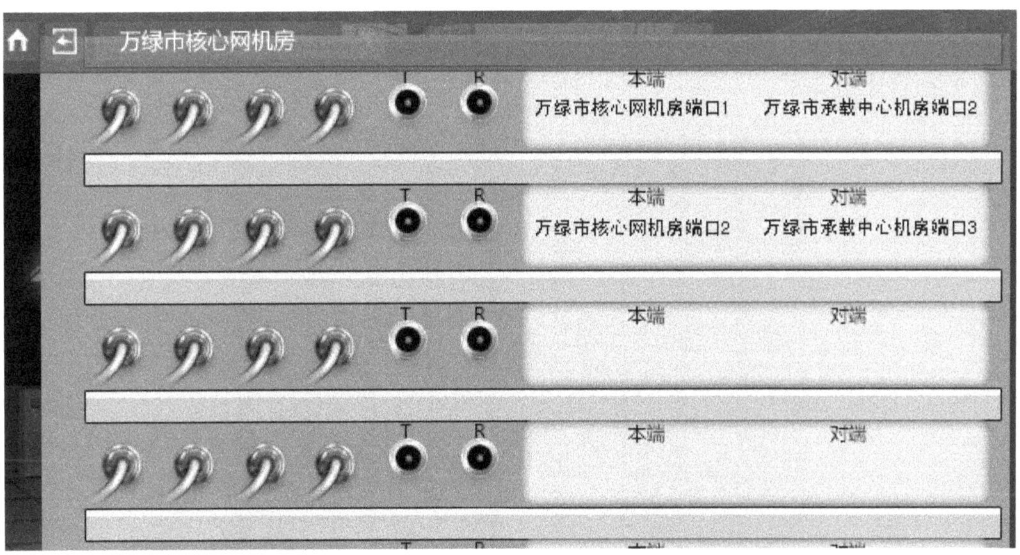

图　7-7

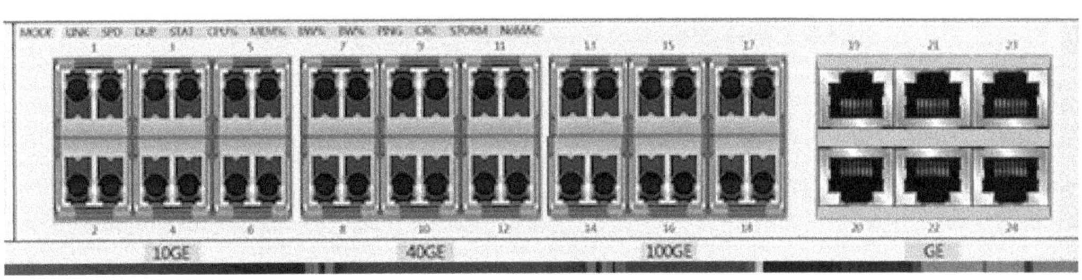

图　7-8

任务二：设备间连线

步骤 1：在完成任务一的前提下，我们单击进入万绿市核心网机房，然后可以看到右上角显示的设备指示图。在设备间连线的时候，我们主要根据此设备指示图来实现设备间切换。设备指示图如图 7-9 所示。

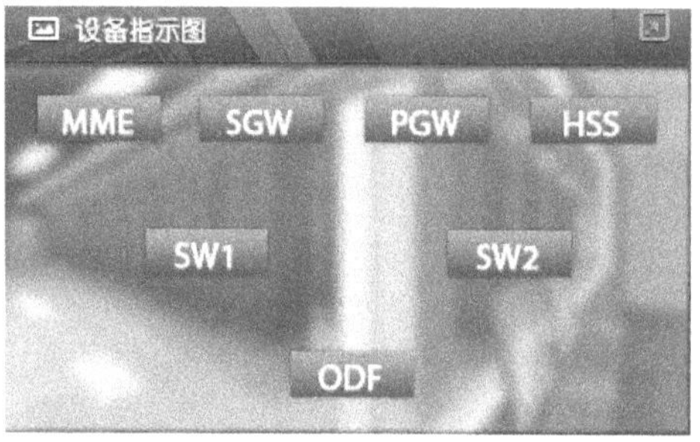

图 7-9

步骤 2：首先我们在设备指示图上单击 MME。MME 属于信令控制网元，是 LTE 接入下控制面的网元，负责移动性管理功能。进入 MME 内部结构，我们用的是第 7 和第 8 块单板，以第 7 块单板为例，一共有 3 个 10GE 光口可以使用，从上到下可以编号为 1、2、3。我们一般都选用 1 号光口，从线缆池选择成对 LC-LC 光纤，一头连接 MME 一号光口；根据匹配原则，另一头选择 SW1 的任意一个 10GE 光口，完成后如图 7-10 所示。

图 7-10

步骤 3：在设备指示图上单击 SGW，SGW 是 SAE 网络用户面接入服务网关，相当于传统的 SGSN 用户面功能。进入 SGW 内部结构，我们使用的是第 7 块单板和第 8 块单板。以第 7 块单板为例，一共有 1 个 100GE 光口可以使用，编号为 1。从线缆池选择成对 LC-LC 光纤，一头连接 SGW 一号光口；根据匹配原则，另一头我们选择 SW1 的任意一个 100GE 光口，完成后如图 7-11 所示。

图 7-11

步骤 4：在设备指示图上单击 PGW，PGW 是 SAE 网络的边界网关，提供承载控制、计费、地址分配及非 3GPP 接入等功能，相当于传统的 GGSN 功能。进入 PGW 内部结构，我们使用的是第 7 块和第 8 块单板。以第 7 块单板为例，一共有 1 个 100GE 光口可以使用，编号为 1。从线缆池选择成对 LC-LC 光纤，一头连接 PGW 一号光口；根据匹配原则，另一头我们选择 SW1 的任意一个 100GE 光口，完成后如图 7-12 所示。

图 7-12

步骤 5：在设备指示图上单击 HSS，HSS 是 SAE 网络用户数据网关网元，提供鉴权和签约等功能。进入 HSS 内部结构，我们使用的是第 7 块和第 8 块单板。以第 7 块单板为例，一共有 1 个 GE 网口可以使用，编号为 1。从线缆池选择以太网线，一头连接 HSS 一号网口；根据匹配原则，另一头我们选择 SW1 的任意一个 GE 网口，完成后如图 7-13 所示。

步骤 6：将所有网元和 SW1 相连完成之后，最后将 SW1 和 ODF 配线架相连，最终目的是与下面的承载网相连。选择成对 LC-FC 光纤，一头连在 SW1 任意一个剩余的 100GE 光口上，另一头连在 ODF 配线架的第一排上面，如图 7-14 所示。

图 7-13

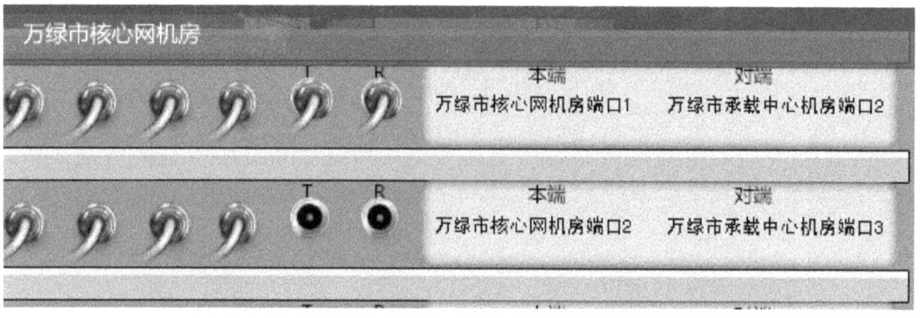

图 7-14

7.4 总结与思考

7.4.1 实习总结

在设备连线的过程中，一定要注意光口的匹配，如果一头连接核心网设备 100GE 光口，另一头连接 SW1 的 10GE 光口，是无法实现通信的。

7.4.2 思考题

不同类型（大、中、小）的设备提供的光口以及网口是否一样？

7.4.3 练习题

请完成中型城市（以千湖市为例）的核心网设备配置。

实习单元 8

MME 数据配置

8.1 实习说明

8.1.1 实习目的

掌握 MME 网元配置。
掌握 MME 与其他网元的路由配置。

8.1.2 实习任务

完成大型城市核心网的 MME 数据配置（以万绿市为例）。

8.1.3 实习时长

8 课时

8.2 数据规划

核心网 MME 的数据配置将以万绿市为例进行说明，其数据规划举例如图 8-1 所示。

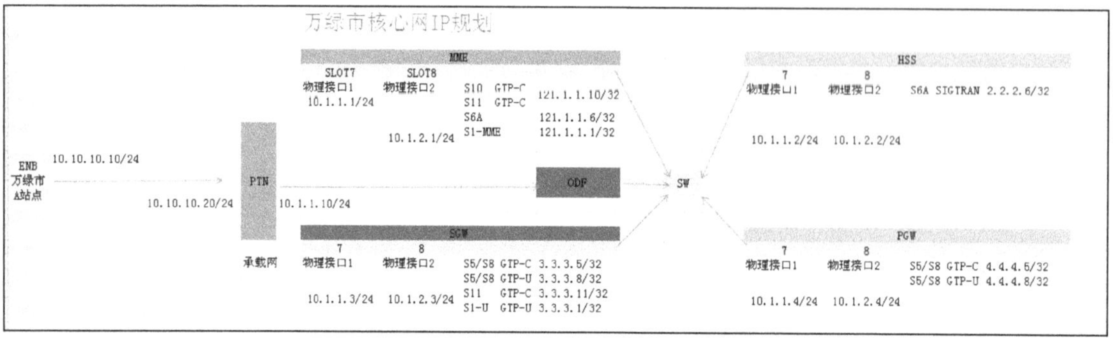

图 8-1

8.3 实习步骤

任务：MME 数据配置

步骤 1：打开仿真软件，选择最上方的 数据配置 按钮。

步骤 2：然后单击软件界面左上方的 万绿市核心网机房 按钮。

步骤 3：进入核心网配置界面，如图 8-2 所示。

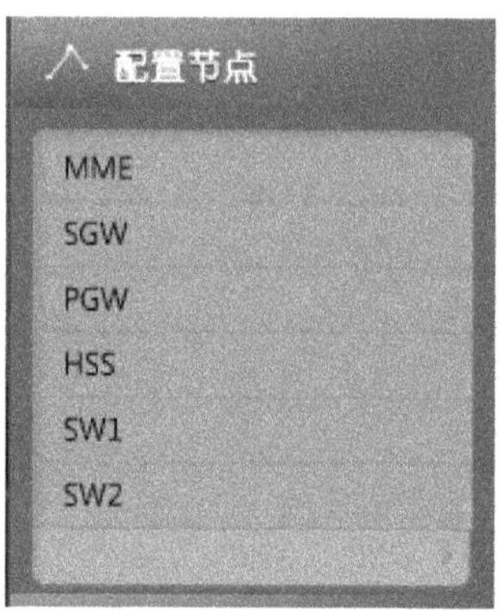

图 8-2

步骤 4：鼠标左键单击配置节点里面的 MME 按钮，进入 MME 数据配置界面。首先单击 设置全局移动参数 按钮，在右边弹出来的界面将数据填写完整，然后单击确定，其中关键性的参数说明如图 8-3 所示。

根据此说明填写全局移动参数，结果如图 8-4 所示。

步骤 5：单击 设置MME控制面地址 按钮，MME 控制地址就是 MME 的 S11 接口 IP 地址，根据地址规划填写，如图 8-5 所示。

步骤 6：单击 与eNodeB对接配置 按钮，增加与 ENODEB 偶联，其中本地偶联 IP 为 S1-MME 地址，对端偶联 IP 为 ENODEB 地址，如图 8-6 所示。

参数名称	说明	取值举例
移动国家码	根据实际填写，如中国的移动国家码为460	460
移动网号	根据运营商的实际情况填写	01
国家码	根据实际填写，如中国的国家码为86	86
国家目的码	根据运营商的实际情况填写	133
MME群组ID	在网络中标识一个MME群组	1
MME代码	在网络中标识一个MME	1

图　8-3

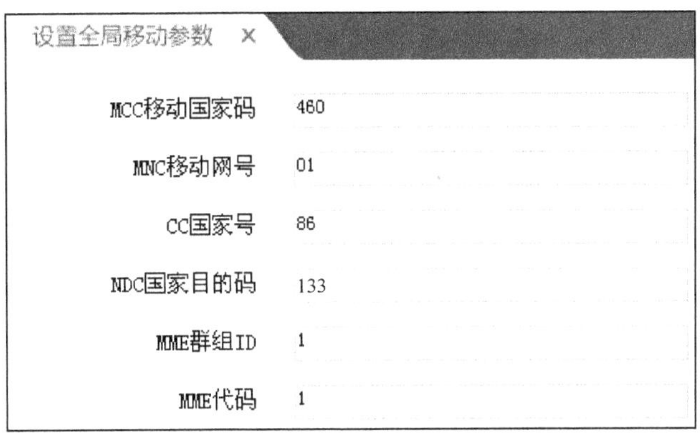

图　8-4

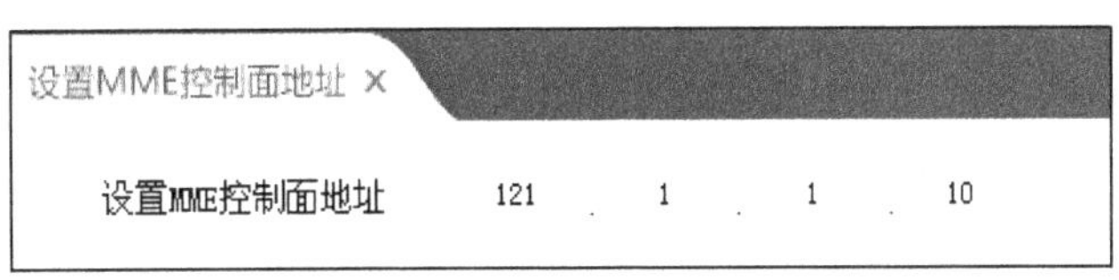

图　8-5

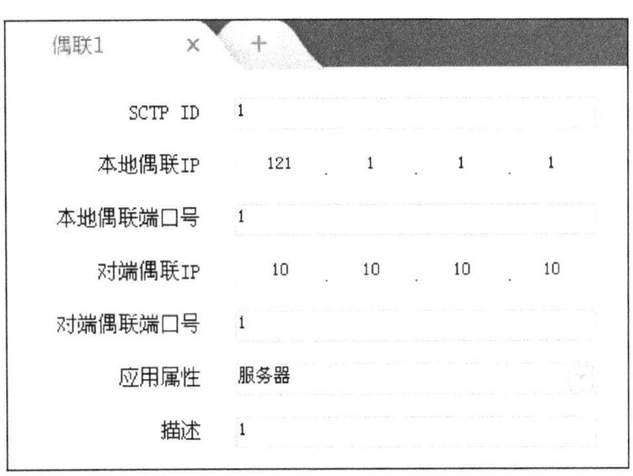

图　8-6

步骤 7：单击 增加TA 按钮，增加 TAC 区域。其中，TAC 值为 4 位十六进制，如图 8-7 所示。

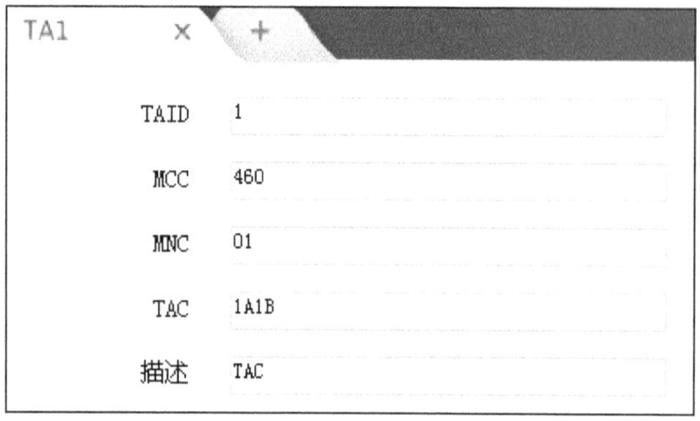

图 8-7

步骤 8：单击 与HSS对接配置 按钮，再单击 增加diameter连接 按钮，然后单击 + 按钮。在 Diameter 链接 1 的对接过程中，偶联本端 IP 为 MME 的 S6A 地址，偶联对端 IP 为 HSS 的 S6A 地址，如图 8-8 所示。

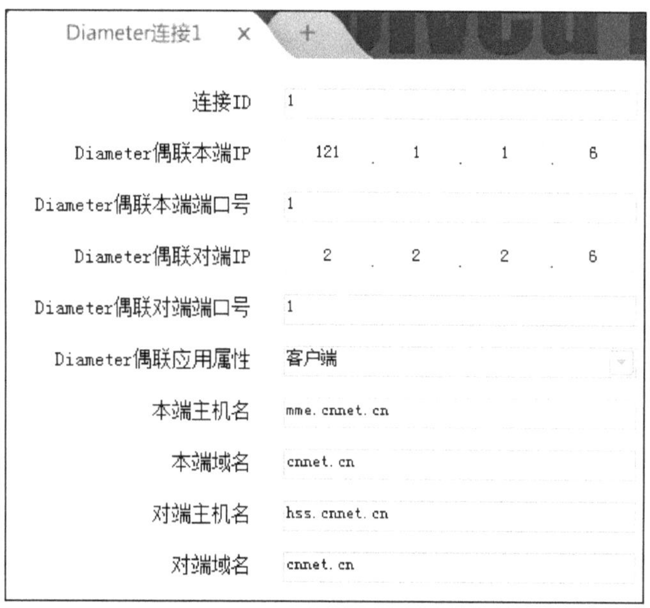

图 8-8

单击 号码分析配置 按钮，再单击 + 按钮。分析号码输入 IMSI 的前几位，比如 MCC+MNC 地址，链接 ID 与 Diameter 链接 1 中的相同，如图 8-9 所示。

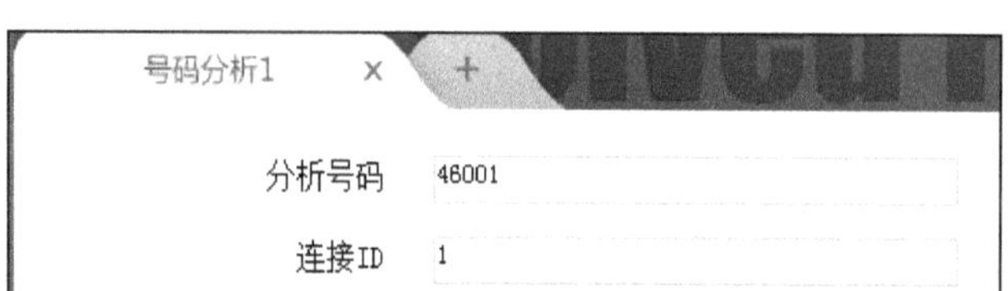

图 8-9

步骤 9：单击与SGW对接配置按钮，控制面地址为 MME 的 S11 地址，如图 8-10 所示。

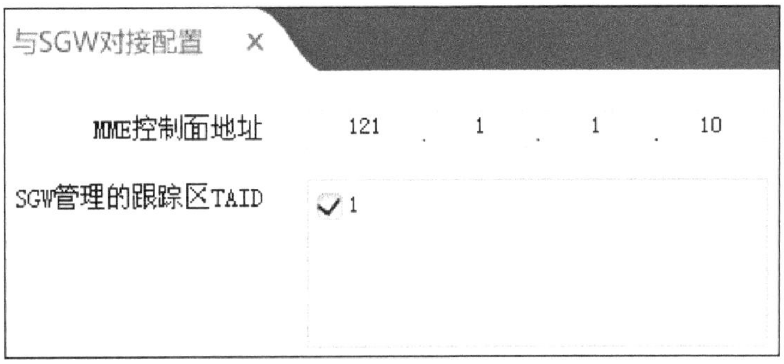

图　8-10

步骤 10：单击基本会话业务配置按钮，有 3 个基本会话业务需要配置。其中，APN 地址解析是寻址到 PGW，即为 PGW 的 S5/S8 地址，APN 的名称设置为 test，如图 8-11 所示。

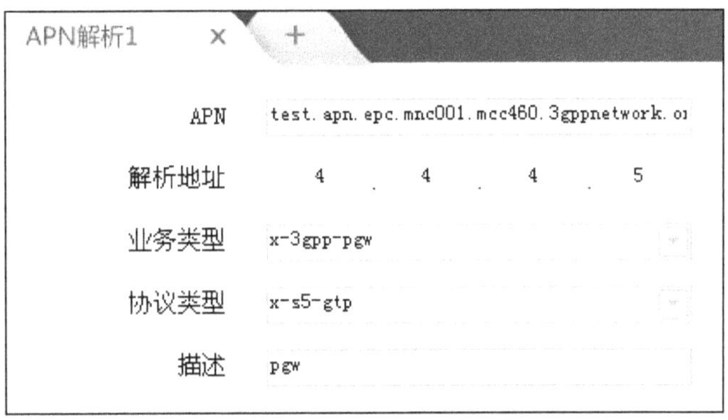

图　8-11

EPC 地址解析是寻址到 SGW，即为 SGW 的 S11 地址，如图 8-12 所示。

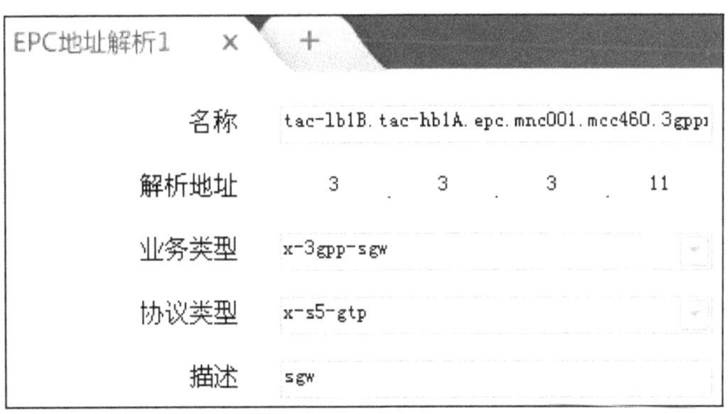

图　8-12

MME 地址解析是寻址到对端的 MME，即为对端 MME 的 S10 地址，所以所有参数需要填写对端核心网的信息，如图 8-13 所示。

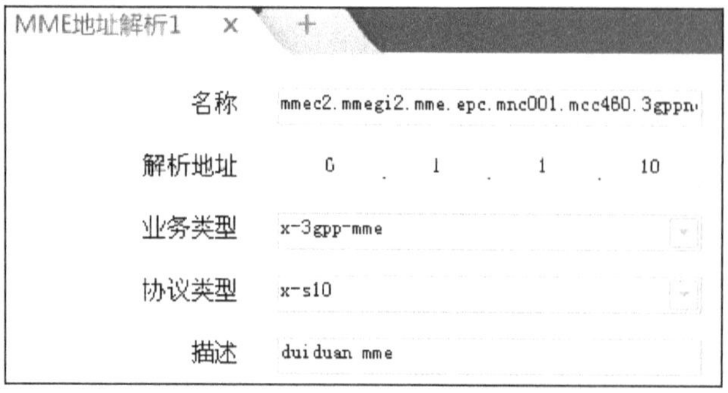

图 8-13

步骤 11：单击接口IP配置按钮，增加 MME 的主用单板物理接口，即在第 7 槽位的单板的物理接口 IP 地址，如图 8-14 所示。

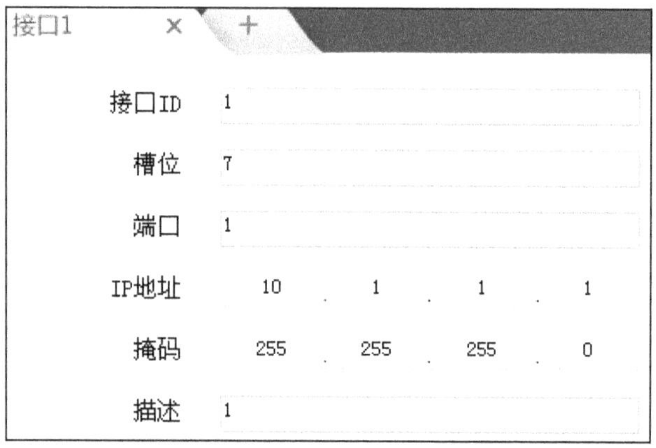

图 8-14

步骤 12：单击路由配置按钮，增加 MME 到其他相邻网元的路由配置，首先到 SGW 网元，那么目的地址为 SGW 的 S11 地址，下一跳地址为 SGW 的接口地址，如图 8-15 所示。

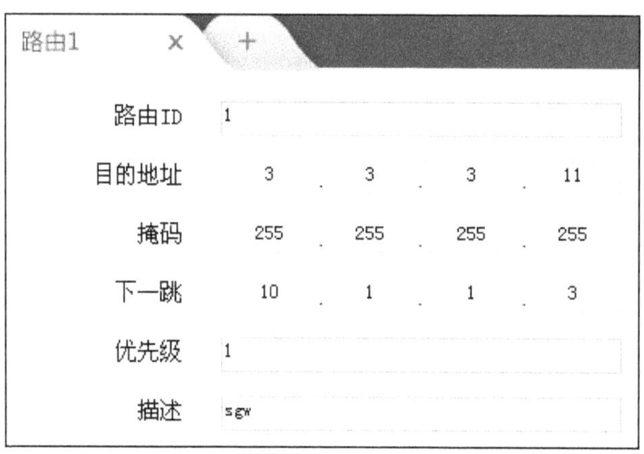

图 8-15

增加 MME 到 HSS 网元的路由，那么目的地址为 HSS 的 S6A 地址，下一跳地址为 HSS 的接口地址，如图 8-16 所示。

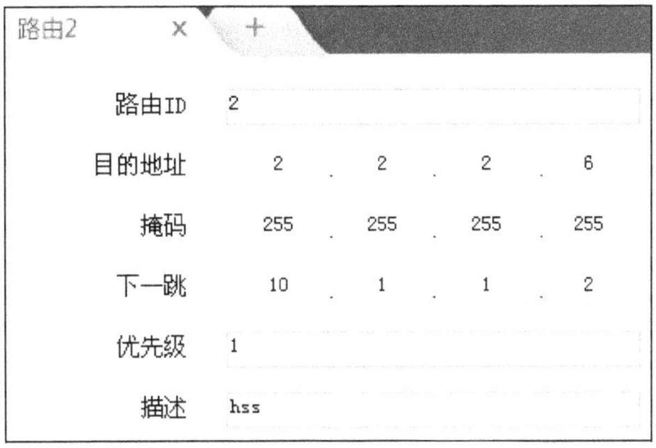

图 8-16

增加 MME 到 ENODEB 网元的路由，那么目的地址为 ENDOEB 的 IP 地址，下一跳地址为与核心网相邻的 PTN 地址，如图 8-17 所示。

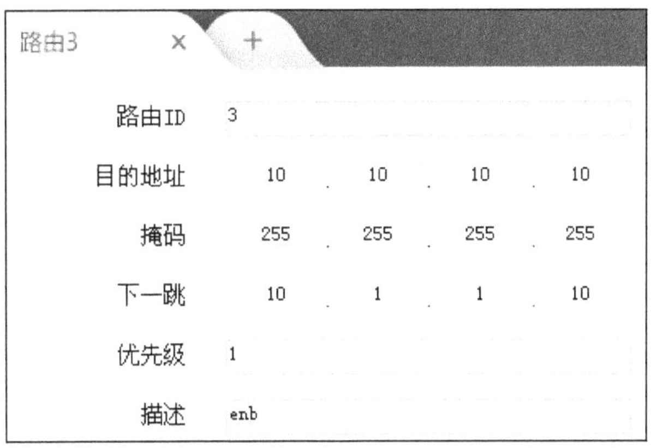

图 8-17

增加 MME 到对端 MME 网元的路由，那么目的地址为对端 MME 的 S10 地址，下一跳地址为与核心网相邻的 PTN 地址，如图 8-18 所示。

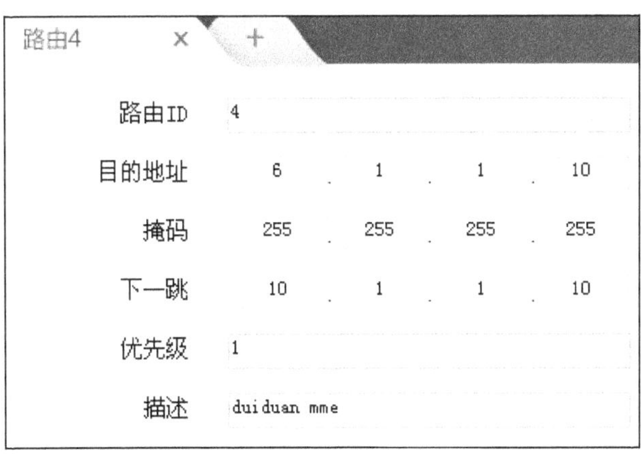

图 8-18

8.4 总结与思考

8.4.1 实习总结

在做 MME 数据配置的时候，一定要注意对接 IP 地址配置和路由 IP 地址配置的区别。

8.4.2 思考题

APN 地址解析与 EPC 地址解析在 LTE 的哪些过程中会用到？

8.4.3 练习题

请完成中型城市（以千湖市为例）的 MME 数据配置。

实习单元 9

SGW 数据配置

9.1 实习说明

9.1.1 实习目的

掌握 SGW 网元配置。
掌握 SGW 与其他网元的路由配置。

9.1.2 实习任务

完成大型城市核心网的 SGW 数据配置（以万绿市为例）。

9.1.3 实习时长

8 课时

9.2 数据规划

SGW 数据配置的规划举例如图 9-1 所示。

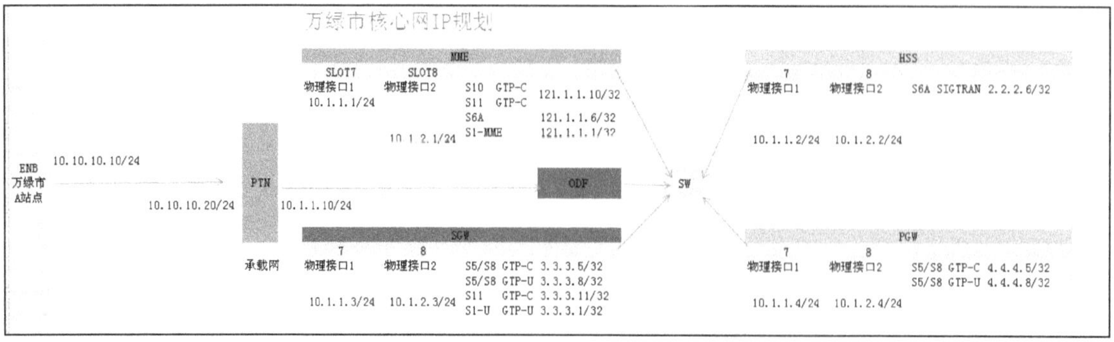

图 9-1

9.3 实习步骤

任务：SGW 数据配置

步骤 1：打开仿真软件，选择最上方的 数据配置 按钮。

步骤 2：然后单击软件界面左上方的按钮。

步骤 3：进入核心网配置界面，如图 9-2 所示。

步骤 4：鼠标左键单击配置节点里面的 SGW 按钮，进入 SGW 数据配置界面。首先单击 PLMN配置 按钮，将 MCC 和 MNC 填写进去。完成结果如图 9-3 所示。

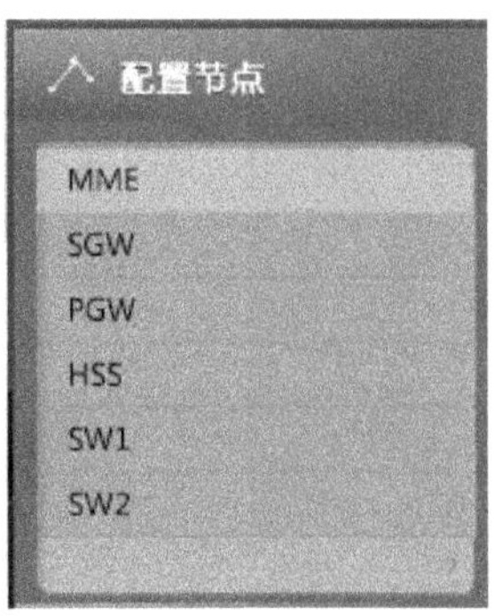

图 9-2

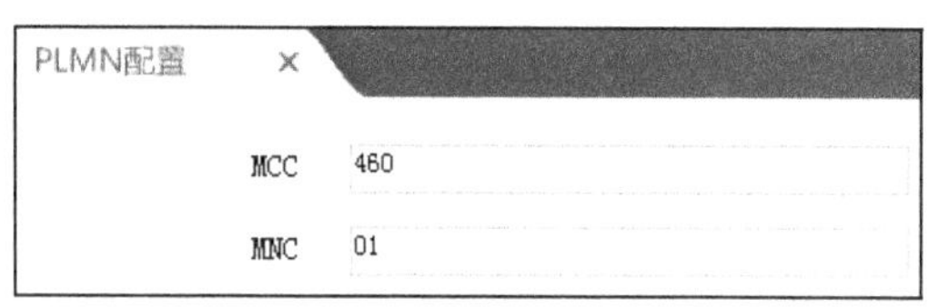

图 9-3

步骤 5：单击 与MME对接配置 按钮，与 MME 对接的地址为 SGW 的 S11 地址，如图 9-4 所示。

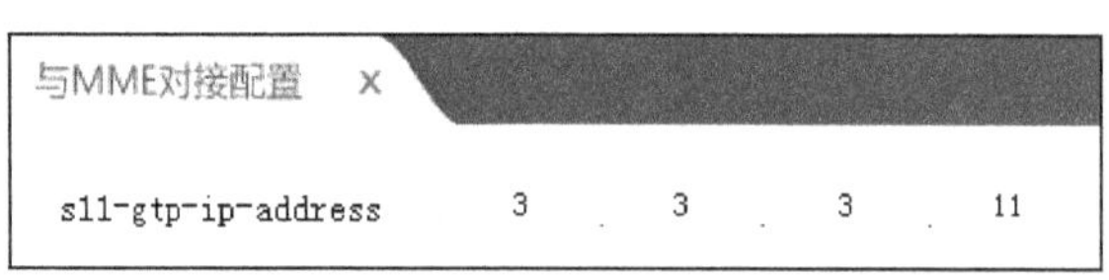

图 9-4

步骤 6：单击 与eNodeB对接配置 按钮，与 ENODEB 对接的地址为 SGW 的 S1-U 地址，如图 9-5 所示。

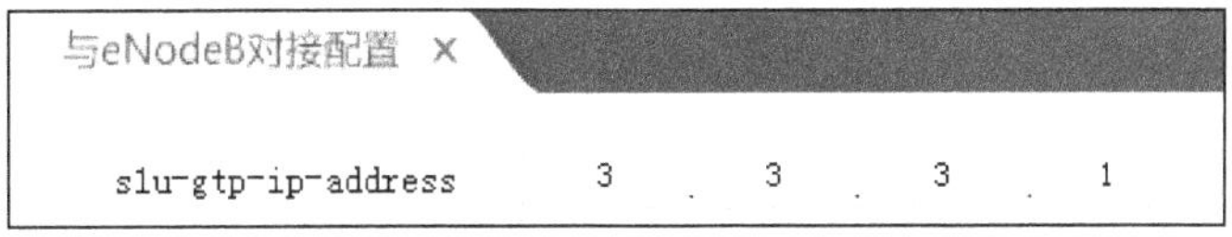

图　9-5

步骤 7：单击 与PGW对接配置 按钮，与 PGW 对接的地址为 SGW 的 S5/S8 地址，如图 9-6 所示。

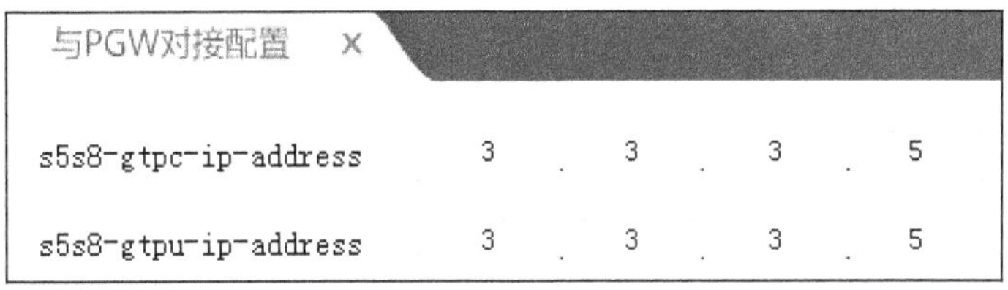

图　9-6

步骤 8：单击 接口IP配置 按钮，增加 SGW 的主用单板物理接口，即在第 7 槽位的单板的物理接口 IP 地址，如图 9-7 所示。

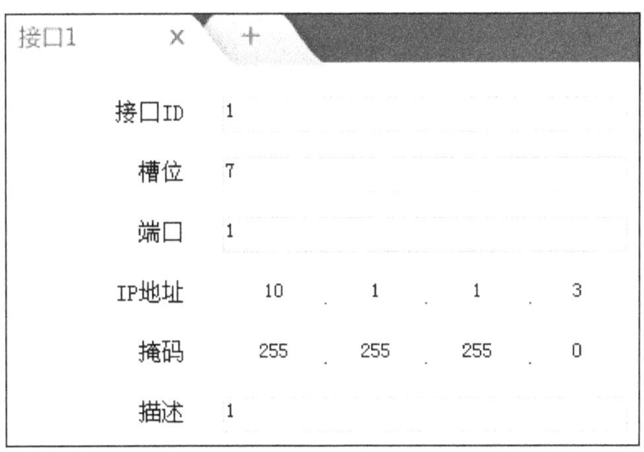

图　9-7

步骤 9：单击 路由配置 按钮，增加 SGW 到其他相邻网元的路由配置，首先到 MME 网元，那么目的地址为 MME 的 S11 地址，下一跳地址为 MME 的接口地址，如图 9-8 所示。

增加 SGW 到 PGW 网元的路由，那么目的地址为 PGW 的 S5/S8 地址，下一跳地址为 PGW 的接口地址，如图 9-9 所示。

增加 SGW 到 ENODEB 网元的路由，那么目的地址为 ENDOEB 的 IP 地址，下一跳地址为与核心网相邻的 PTN 地址，如图 9-10 所示。

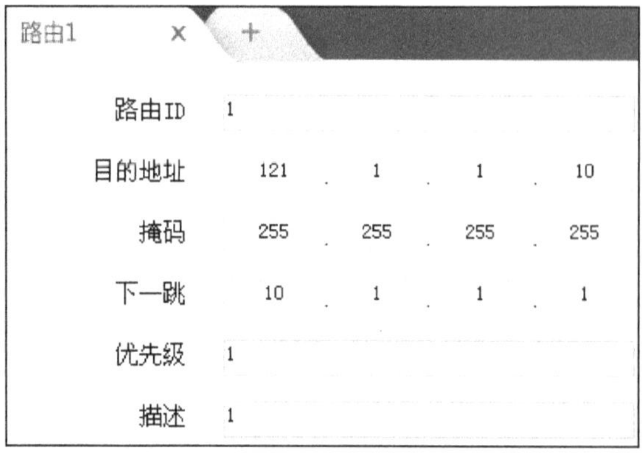

图 9-8

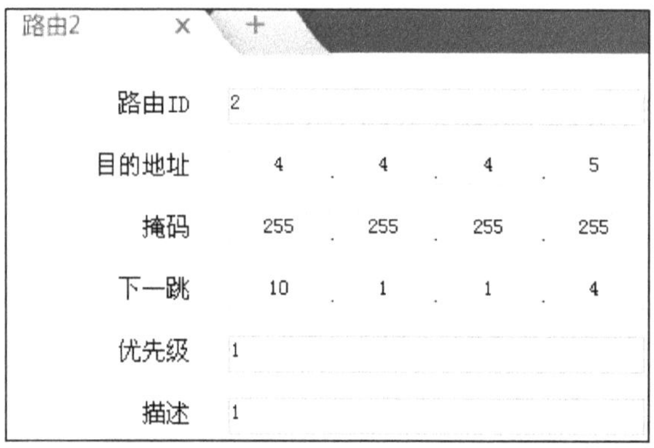

图 9-9

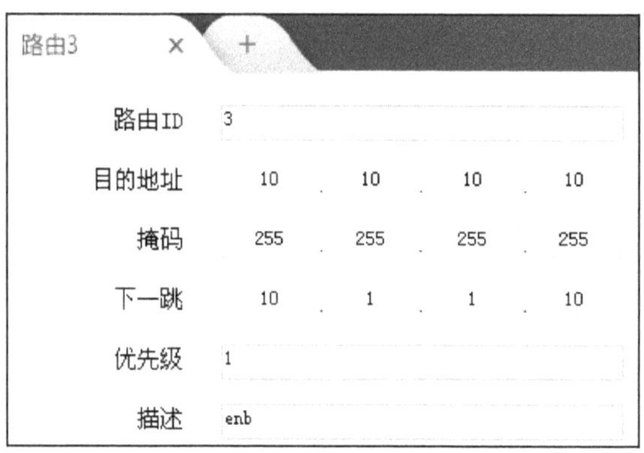

图 9-10

9.4 总结与思考

9.4.1 实习总结

在做 SGW 数据配置的时候，一定要注意对接 IP 地址配置和路由 IP 地址配置的区别。

9.4.2　思考题

SGW 网元为什么没做到 HSS 网元的路由？

9.4.3　练习题

请完成中型城市（以千湖市为例）的 SGW 数据配置。

实习单元 10

PGW 数据配置

10.1 实习说明

10.1.1 实习目的

掌握 PGW 网元配置。

掌握 PGW 与其他网元的路由配置。

10.1.2 实习任务

完成大型城市核心网的 PGW 数据配置（以万绿市为例）。

10.1.3 实习时长

8 课时

10.2 数据规划

PGW 数据配置的规划举例如图 10-1 所示。

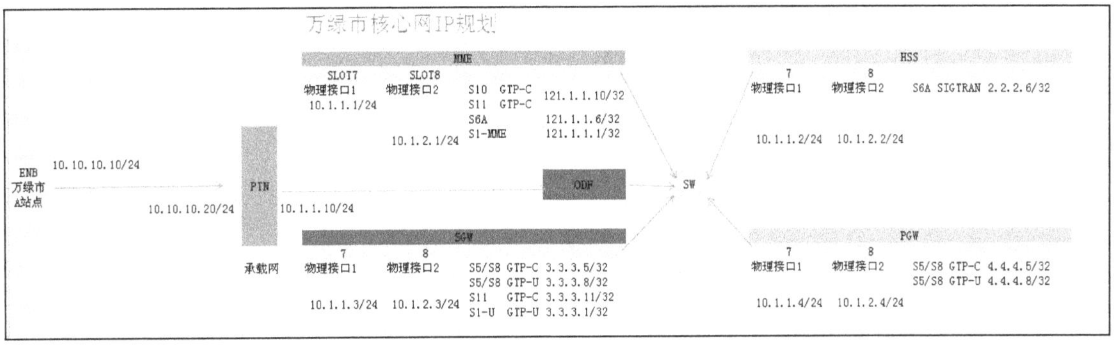

图　10-1

10.3　实习步骤

任务：PGW 数据配置

步骤 1：打开仿真软件，选择最上方的 数据配置 按钮。

步骤 2：然后单击软件界面左上方的 万绿市核心网机房 按钮。

步骤 3：进入核心网配置界面，如图 10-2 所示。

步骤 4：鼠标左键单击配置节点里面的 PGW 按钮，进入 PGW 数据配置界面，首先单击 PLMN配置 按钮，将 MCC 和 MNC 填写进去，结果如图 10-3 所示。

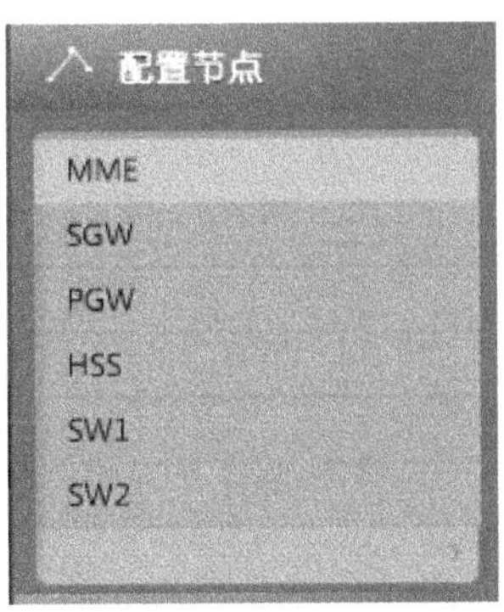

图　10-2

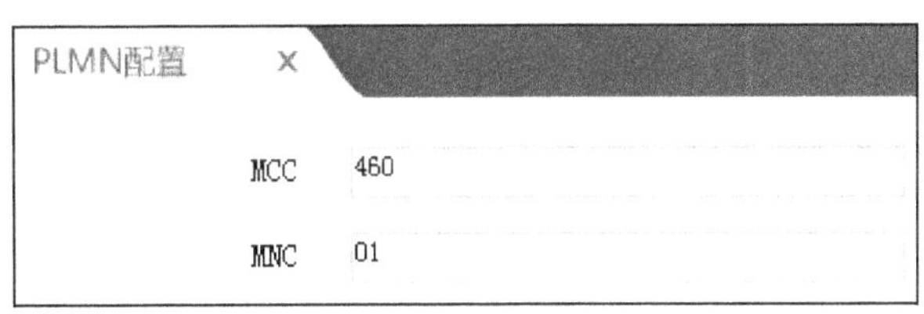

图　10-3

步骤 5：单击 与SGW对接配置 ，与 SGW 对接的地址为 PGW 的 S5/S8 地址，如图 10-4 所示。

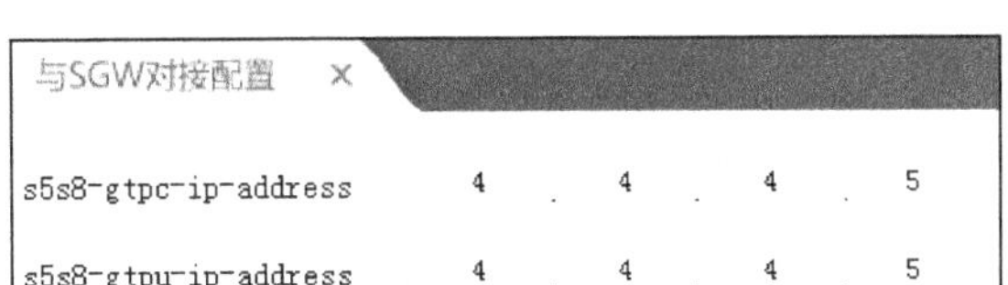

图　10-4

步骤 6：单击地址池配置按钮，PGW 网元的一个作用就是 IP 地址的分配，所以我们在这里配置一个地址池供 PGW 使用，如图 10-5 所示。

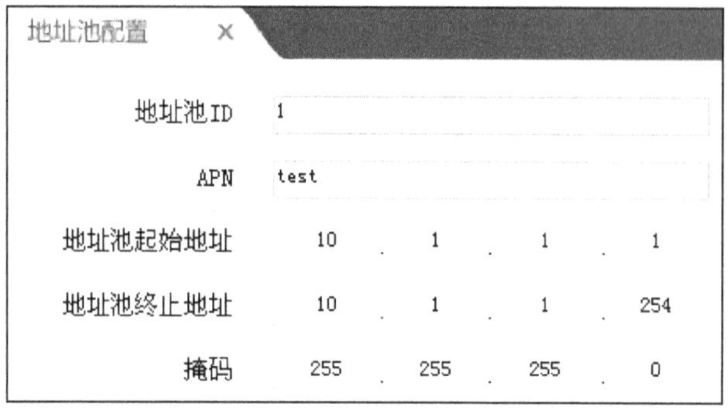

图 10-5

步骤 7：单击接口IP配置按钮，增加 PGW 的主用单板物理接口，即在第 7 槽位的单板的物理接口 IP 地址，如图 10-6 所示。

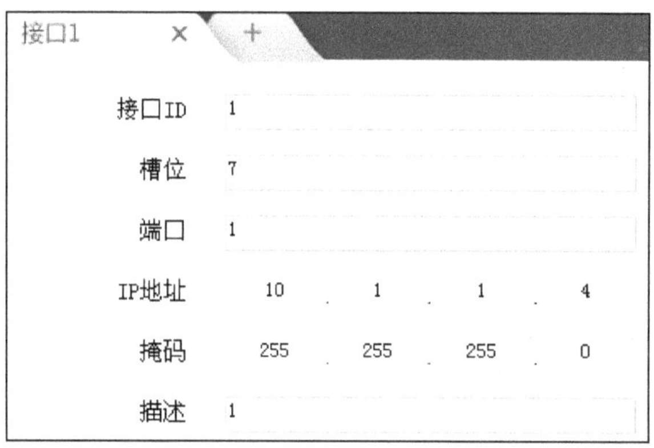

图 10-6

步骤 8：单击路由配置按钮，增加 PGW 到其他相邻网元的路由配置，在这里只有 SGW 与之相邻，所以配到 SGW 的路由，那么目的地址为 SGW 的 S5/S8 地址，下一跳地址为 SGW 的接口地址，如图 10-7 所示。

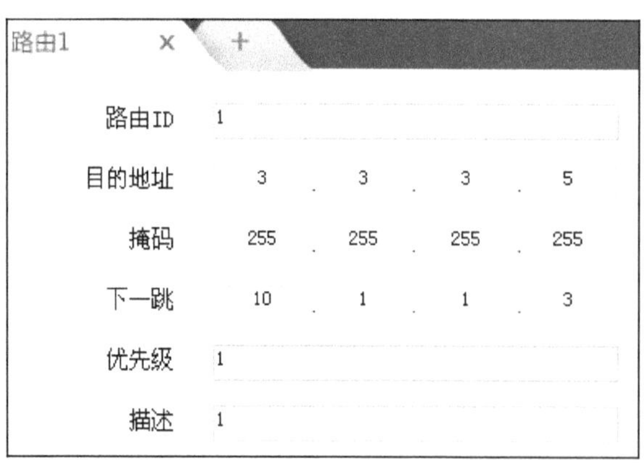

图 10-7

10.4　总结与思考

10.4.1　实习总结

在做 PGW 数据配置的时候，一定要注意对接 IP 地址配置和路由 IP 地址配置的区别。

10.4.2　思考题

PGW 网元与 SGW 网元的区别？

10.4.3　练习题

请完成中型城市（以千湖市为例）的 PGW 数据配置。

实习单元 11

HSS 数据配置

11.1 实习说明

11.1.1 实习目的

掌握 HSS 网元配置。
掌握 HSS 与其他网元的路由配置。

11.1.2 实习任务

完成大型城市核心网的 HSS 数据配置（以万绿市为例）。

11.1.3 实习时长

8 课时

11.2 数据规划

HSS 数据配置部分的数据规划举例如图 11-1 所示。

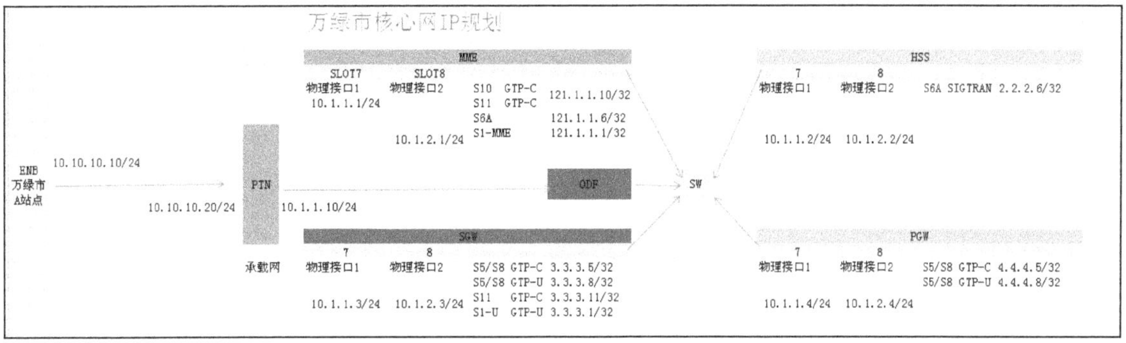

图　11-1

11.3　实习步骤

任务：HSS 数据配置

步骤 1：打开仿真软件，选择最上方的 数据配置 按钮。

步骤 2：然后单击软件界面左上方的 万绿市核心网机房 按钮。

步骤 3：进入核心网配置界面，如图 11-2 所示。

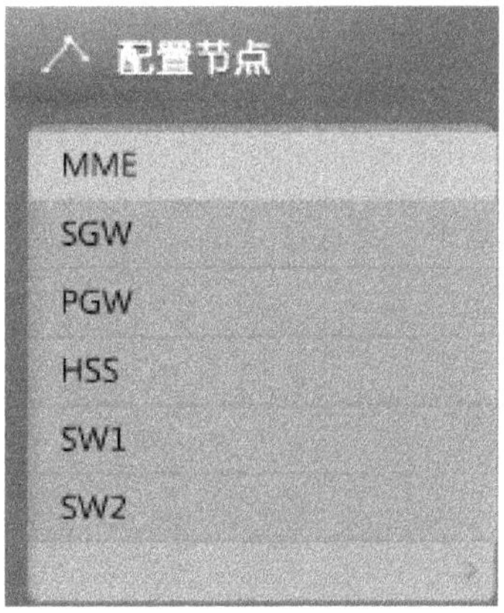

图　11-2

步骤 4：鼠标左键单击配置节点里面的 HSS 按钮，进入 HSS 数据配置界面，首先单击 与MME对接配置 按钮，再单击 + 按钮。在与 MME 对接配置的时候，需要注意的是，此时 HSS 为本端，MME 为对端，完成结果如图 11-3 所示。

步骤 5：单击 接口IP配置 按钮，增加 HSS 的主用单板物理接口，即在第 7 槽位单板的物理接口 IP 地址，如图 11-4 所示。

步骤 6：单击 路由配置 按钮，增加 HSS 到其他相邻网元的路由配置，在这里只有 MME 与之相邻，所以配到 MME 的路由，那么目的地址为 MME 的 S6A 地址，下一跳地址为 MME 的接口地址，如图 11-5 所示。

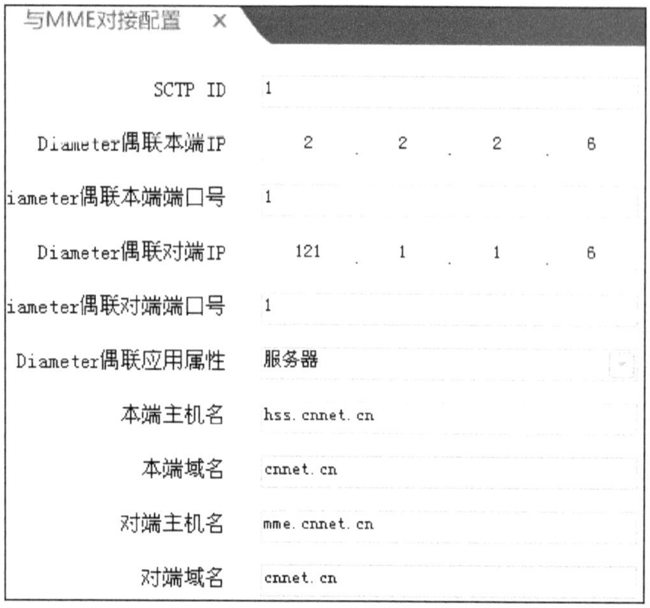

图 11-3

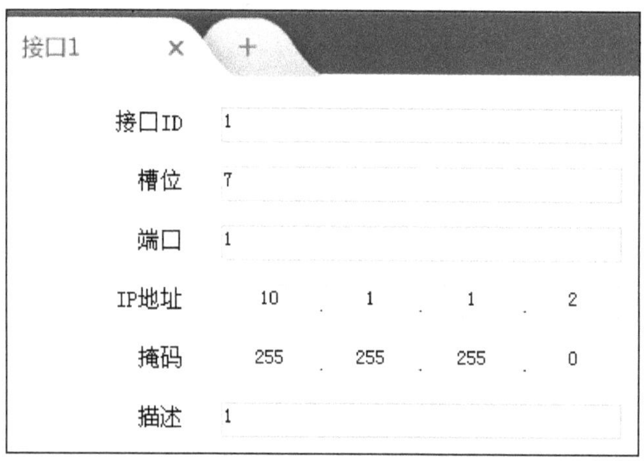

图 11-4

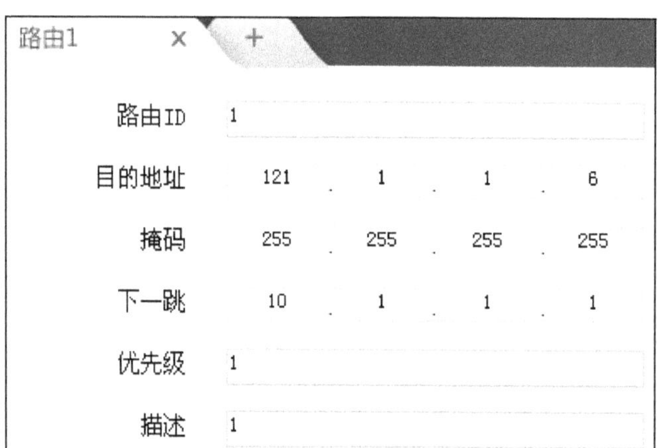

图 11-5

步骤 7：单击签约模板信息按钮，将用户的签约模板基本信息填写进去，如图 11-6 所示。

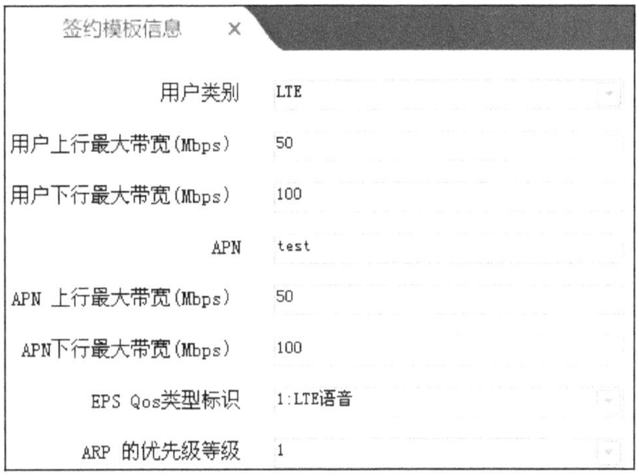

图　11-6

步骤 8：单击鉴权信息按钮，鉴权信息中，KI 是 32 位十六进制的数，如图 11-7 所示。

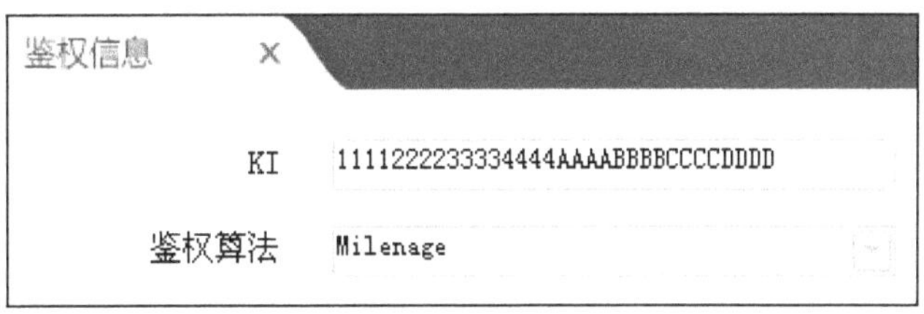

图　11-7

步骤 9：单击用户标示按钮，用户信息包括 IMSI 和 MSISDN，如图 11-8 所示。

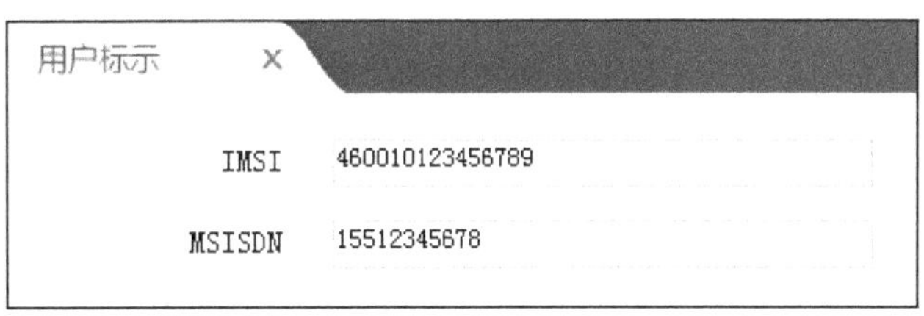

图　11-8

11.4　总结与思考

11.4.1　实习总结

在做 HSS 数据配置的时候，一定要注意与 MME 对接信息的填写。

11.4.2 思考题

HSS 网元的作用是什么？

11.4.3 练习题

请完成中型城市（以千湖市为例）的 HSS 数据配置。

实习单元 12

实验室模式联调

12.1 实习说明

12.1.1 实习目的

掌握实验室模式下的 LTE 网络故障排除。

12.1.2 实习任务

完成 LTE 网络故障排除，实现在实验室环境下拨测成功以及切换成功。

12.1.3 实习时长

24 课时

12.2 数据规划

本案例的数据规划举例如图 12-1 所示。

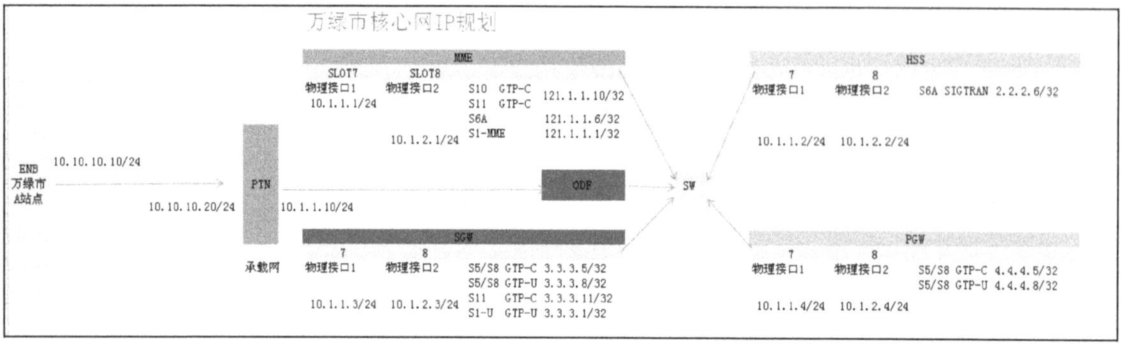

图　12-1

12.3　实习步骤

案例分析：某运营商在万绿市部署的 LTE 网络存在故障，某站点不能正常提供 W1、W2、W3 3 个小区的用户服务，请利用相关技术排除故障。

任务要求：排除无线及核心网的所有故障，确保 W1、W2、W3 3 个小区在“实验环境”下拨测成功，并实现 W1 与 W2、W2 与 W3、W1 与 W3 小区间的相互切换。

步骤 1： 首先单击 业务调试 按钮下面的告警，看一下万绿市的当前告警，主要根据告警来排除故障，如图 12-2 所示。

当前告警

城市 万绿市　　机房 全部　　网元 全部

序号	告警级别	告警生成时间	位置信息	描述
1	告警	22:38:59	万绿市核心网机房-mme	S1-MME接口链路故障
2	告警	22:38:59	万绿市核心网机房-hss	S6a接口链路故障
3	告警	22:38:59	万绿市核心网机房-mme	S6a接口链路故障
4	告警	22:38:59	万绿市核心网机房-sgw	S11接口链路故障
5	告警	22:38:59	万绿市核心网机房-mme	S11接口链路故障
6	告警	22:38:59	万绿市核心网机房-sgw	S5S8接口控制面路由不可达
7	告警	22:38:59	万绿市核心网机房-pgw	S5S8接口控制面路由不可达
8	告警	22:38:59	万绿市A站点机房-rru2	rru2射频故障
9	告警	22:38:59	万绿市A站点机房-rru3	rru3射频故障
10	告警	22:38:59	万绿市A站点机房-bbu	BBU连线故障
11	告警	22:38:59	万绿市A站点机房-bbu	S1-C链路故障

图　12-2

步骤 2：根据上图的告警提示，先排除设备配置的故障，再排除数据配置的故障。比如看到了有告警是 RRU2、RRU3 射频故障，那就要查看一下万绿市 A 站点机房设备配置，发现 RRU3 连线有问题，ANT4 没有和 RRU3 相连，如图 12-3 所示。

因为 RRU1、RRU2 都采用 2×4 配置，所以要用天线跳线将 ANT4 口和 RRU3 的 ANT4 口连接起来，如图 12-4 所示。

再看一下告警，发现 RRU3 的告警已经消除了，如图 12-5 所示。

图　12-3

图　12-4

城市 万绿市　　机房 全部　　网元 全部

序号	告警级别	告警生成时间	位置信息	描述
1	告警	22:48:50	万绿市核心网机房-mme	S1-MME接口链路故障
2	告警	22:48:50	万绿市核心网机房-hss	S6a接口链路故障
3	告警	22:48:50	万绿市核心网机房-mme	S6a接口链路故障
4	告警	22:48:50	万绿市核心网机房-sgw	S11接口链路故障
5	告警	22:48:50	万绿市核心网机房-mme	S11接口链路故障
6	告警	22:48:50	万绿市核心网机房-sgw	S5S8接口控制面路由不可达
7	告警	22:48:50	万绿市核心网机房-pgw	S5S8接口控制面路由不可达
8	告警	22:48:50	万绿市A站点机房-rru2	rru2射频故障
9	告警	22:48:50	万绿市A站点机房-bbu	BBU连线故障
10	告警	22:48:50	万绿市A站点机房-bbu	S1-C链路故障

图　12-5

步骤 3：根据上图的告警提示，RRU2 的告警并没有消除，但是我们查看设备没有问题，所以应该是数据配置问题。同样我们看到有 BBU 连线故障，但是查找 BBU 连线也没有问题，所以这个故障也应该是数据配置。我们先查找看看无线机房设备配置，如果无线机房设备配置没有什么问题，那我们再检查万绿市核心网机房的连线有没有问题，排障的一种思路是可以先查找设备配置，再查找数据配置。经检查，我们发现 PGW 的连线不匹配，光纤的一端连接在 100GE 网口，另一端连接在 40GE 上，如图 12-6 所示。

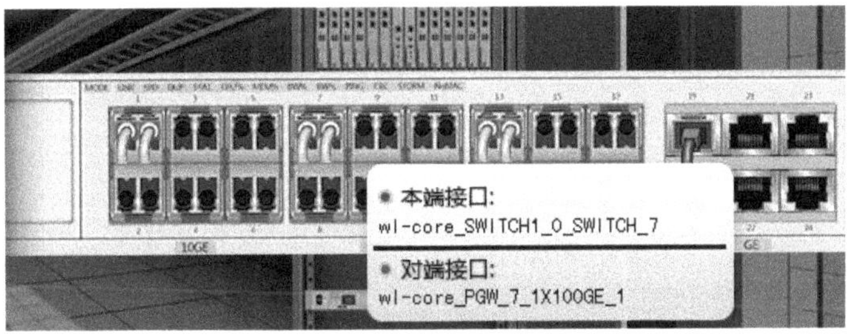

图　12-6

将光纤连接改正过来，将两端都连接在 100GE 的光口上，如图 12-7 所示。

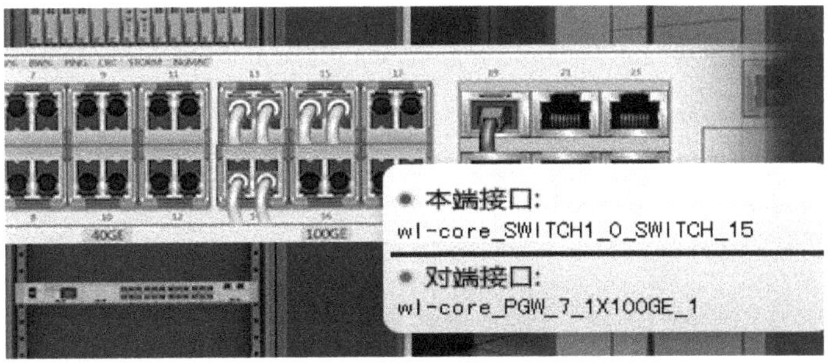

图　12-7

步骤 4：根据上图的告警提示，排查 RRU2 射频故障告警，刚才已经排除了设备配置问题，所以查看一下 RRU2 的射频数据配置。对比一下 RRU1 和 RRU3 的射频配置，发现 RRU2 的频段范围有问题，如图 12-8 所示。

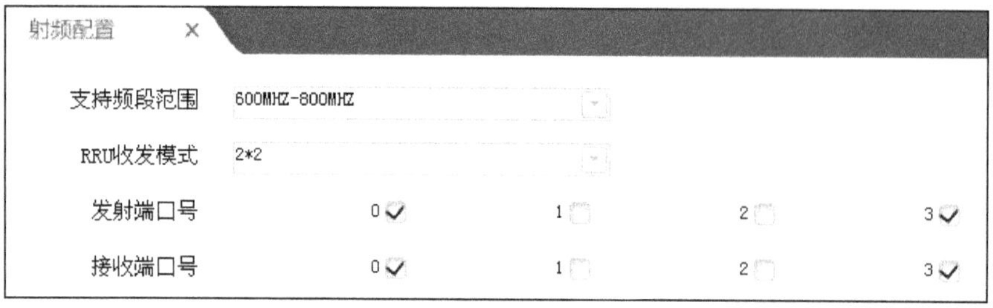

图 12-8

将频段范围改成同 RRU1 和 RRU3 一样的频段，即为 1900～2200MHz，如图 12-9 所示。

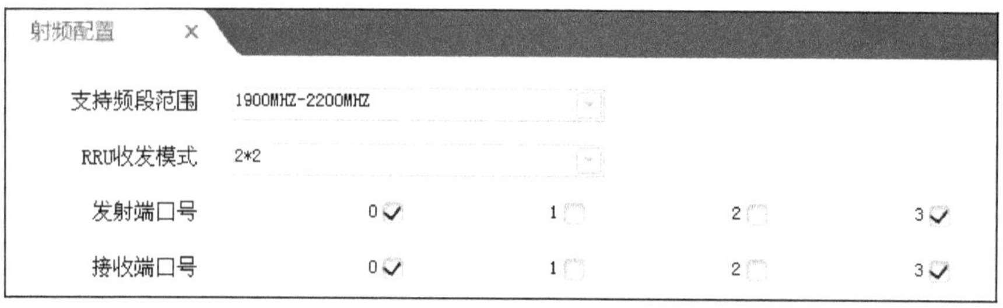

图 12-9

再查看告警时，发现 RRU2 射频故障告警消失了，如图 12-10 所示。

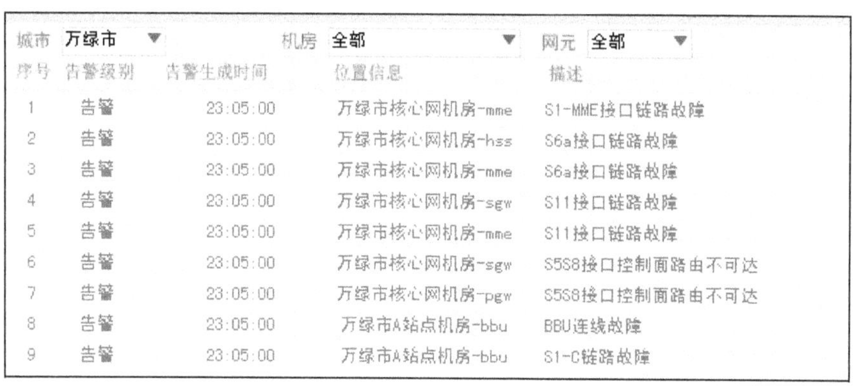
城市 万绿市　机房 全部　网元 全部

序号	告警级别	告警生成时间	位置信息	描述
1	告警	23:05:00	万绿市核心网机房-mme	S1-MME接口链路故障
2	告警	23:05:00	万绿市核心网机房-hss	S6a接口链路故障
3	告警	23:05:00	万绿市核心网机房-mme	S6a接口链路故障
4	告警	23:05:00	万绿市核心网机房-sgw	S11接口链路故障
5	告警	23:05:00	万绿市核心网机房-mme	S11接口链路故障
6	告警	23:05:00	万绿市核心网机房-sgw	S5S8接口控制面路由不可达
7	告警	23:05:00	万绿市核心网机房-pgw	S5S8接口控制面路由不可达
8	告警	23:05:00	万绿市A站点机房-bbu	BBU连线故障
9	告警	23:05:00	万绿市A站点机房-bbu	S1-C链路故障

图 12-10

步骤 5：再排查 BBU 连线故障，查看 BBU 的数据配置，在物理参数一栏发现承载 RRU 的链路端口是网口，而实际用的是光口，如图 12-11 所示。

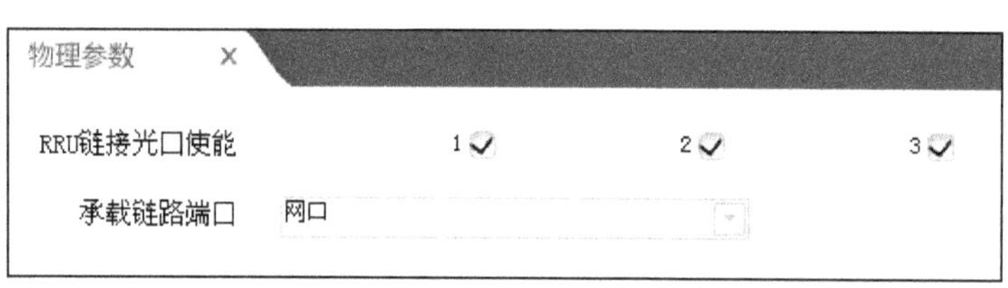

图 12-11

我们将网口改为光口，如图 12-12 所示。

图　12-12

查看告警，发现 BBU 连线故障已经消失了，如图 12-13 所示。

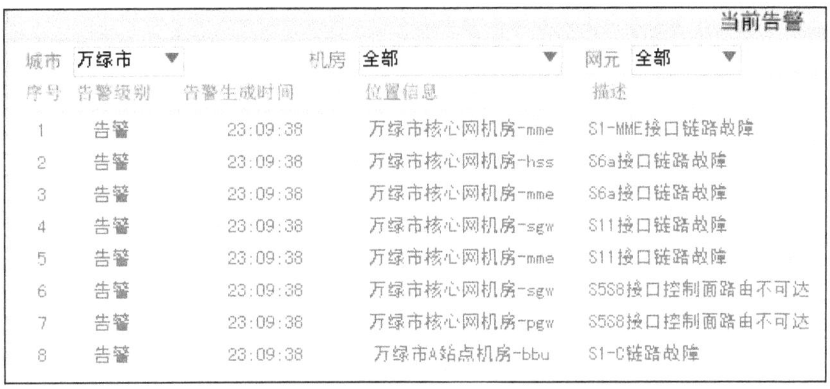
当前告警

城市 万绿市　机房 全部　网元 全部

序号	告警级别	告警生成时间	位置信息	描述
1	告警	23:09:38	万绿市核心网机房-mme	S1-MME接口链路故障
2	告警	23:09:38	万绿市核心网机房-hss	S6a接口链路故障
3	告警	23:09:38	万绿市核心网机房-mme	S6a接口链路故障
4	告警	23:09:38	万绿市核心网机房-sgw	S11接口链路故障
5	告警	23:09:38	万绿市核心网机房-mme	S11接口链路故障
6	告警	23:09:38	万绿市核心网机房-sgw	S5S8接口控制面路由不可达
7	告警	23:09:38	万绿市核心网机房-pgw	S5S8接口控制面路由不可达
8	告警	23:09:38	万绿市A站点机房-bbu	S1-C链路故障

图　12-13

步骤 6：再观察告警，发现在无线机房 BBU 有 S1-C 的告警，核心网机房 MME 也有 S1-MME 的故障，这都是 BBU 与核心网对接的数据配置问题。检查 BBU 的 SCTP 配置，里面的远端地址为 121.1.1.6，如图 12-14 所示。

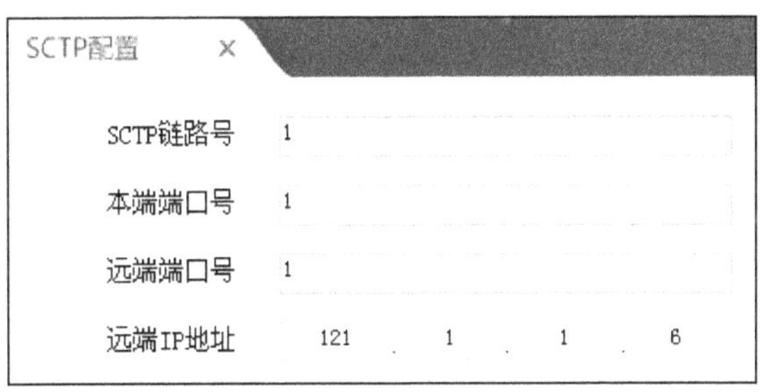

图　12-14

但是 SCTP 对接过程是到 MME 的 S1-MME 地址，所以这里应该改为 S1-MME 地址，如图 12-15 所示。

再检查发现，BBU 的静态路由配置的下一跳 IP 地址为 10.1.1.3，即 SGW 的物理接口地址，如图 12-16 所示。

但是我们知道，与无线直接相连的是承载网的 PTN，而不是核心网设备，所以下一跳应该是离无线最近的 PTN 上。根据地址规划，下一跳应该改成 10.10.10.20，如图 12-17 所示。

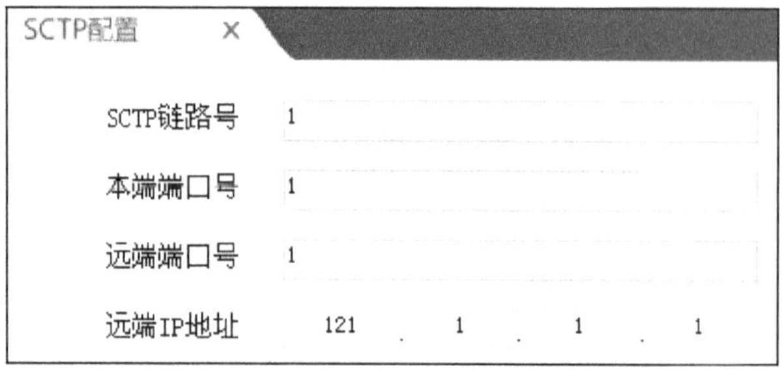

图 12-15

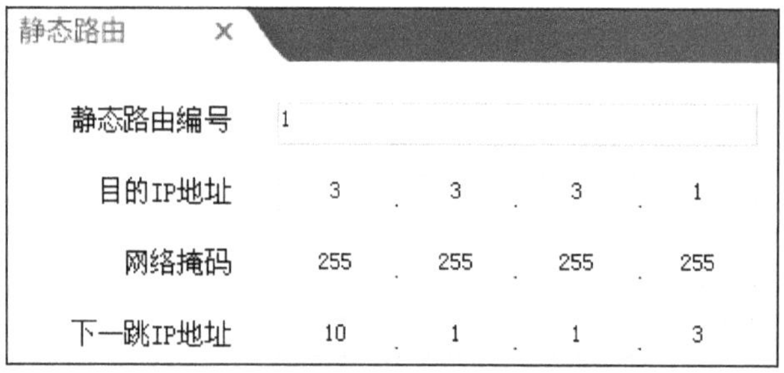

图 12-16

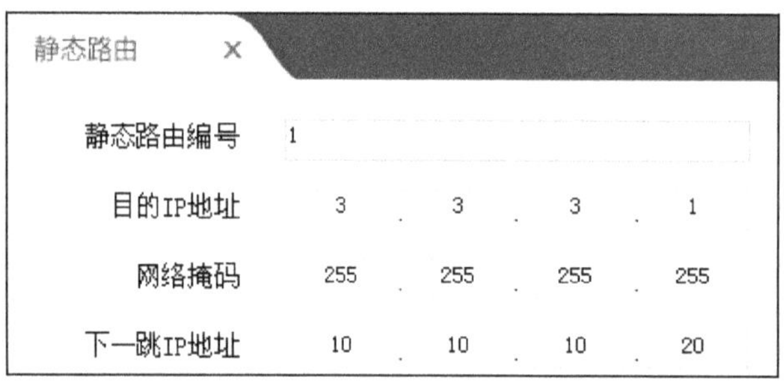

图 12-17

现在我们再来查看告警信息，发现 S1-C 和 S1-MME 这两个告警已经消失了，如图 12-18 所示。

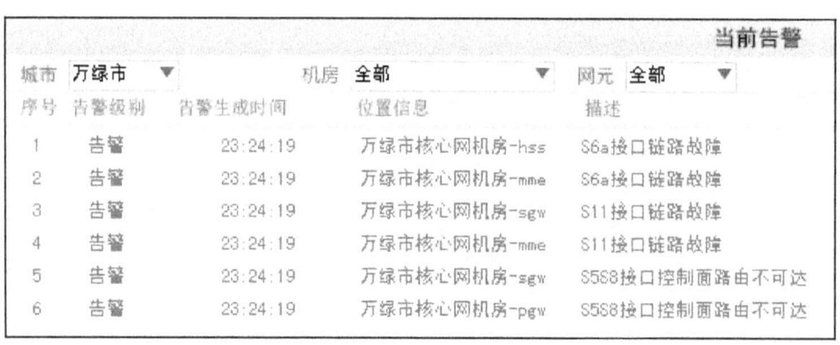

图 12-18

步骤 7：接下来排查 S6a 错误，S6a 错误是指 MME 与 HSS 的对接信息有错误，所以要检查 MME 和 HSS 对接等信息。检查发现在 MME 与 HSS 的对接信息里，本端地址和对端地址弄反了，如图 12-19 所示。

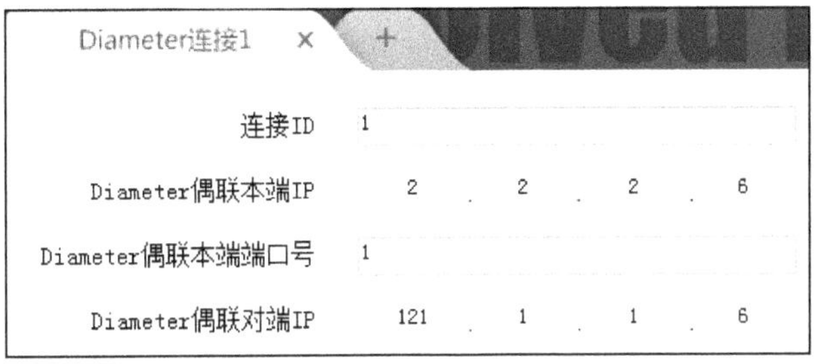

图　12-19

将本端和对端地址改过来，如图 12-20 所示。

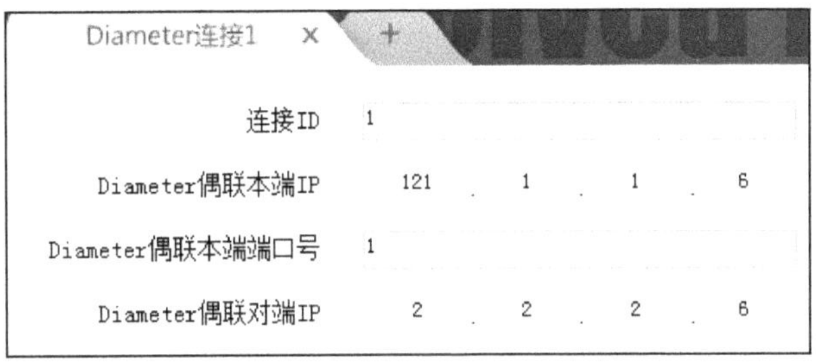

图　12-20

再看一下告警信息，发现 S6a 故障消失了，如图 12-21 所示。

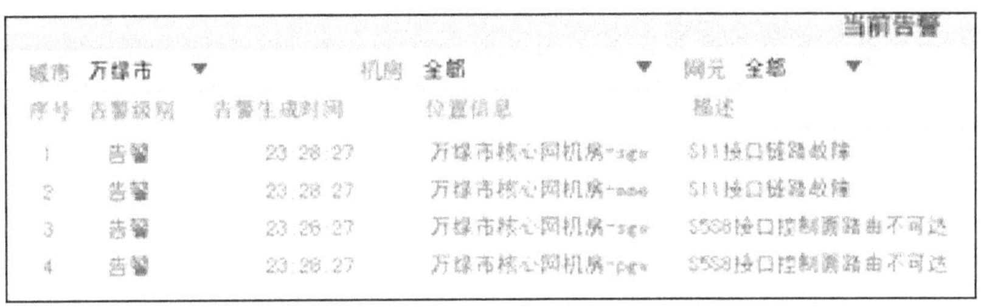

图　12-21

步骤 8：接下来排查 S11 错误，出现 S11 接口链路错误肯定是因为 MME 与 SGW 对接信息发生错误，可能是路由，可能是对接信息，也可能是接口信息，这需要我们仔细认真地排查。经过查看，发现 SGW 的接口信息配置中，接口掩码地址有问题，如图 12-22 所示。

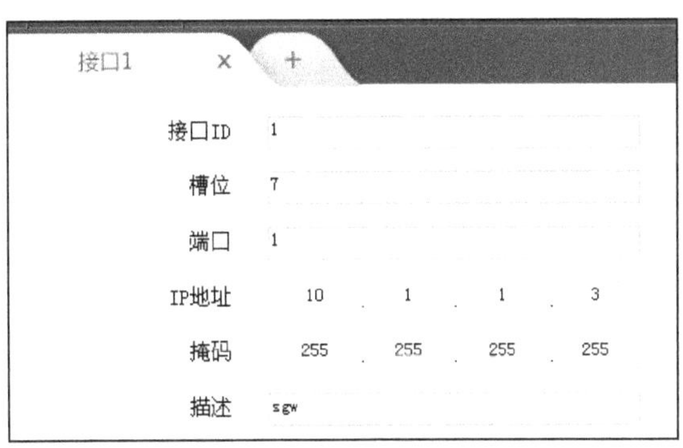

图　12-22

在地址规划里面，将接口地址都规划为 24 位的掩码，所以需要将掩码的最后一位

255 改为 0，如图 12-23 所示。

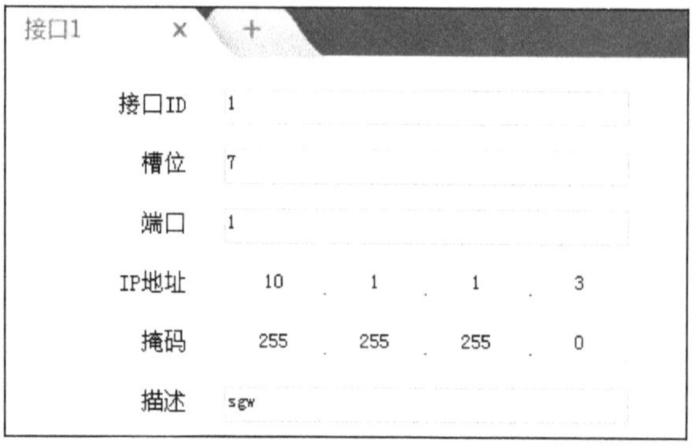

图　12-23

再来查看告警信息，发现 S11 的接口错误信息已经没有了，至此就连刚才的 S5/S8 故障也消失了，所有告警都消失了，如图 12-24 所示。

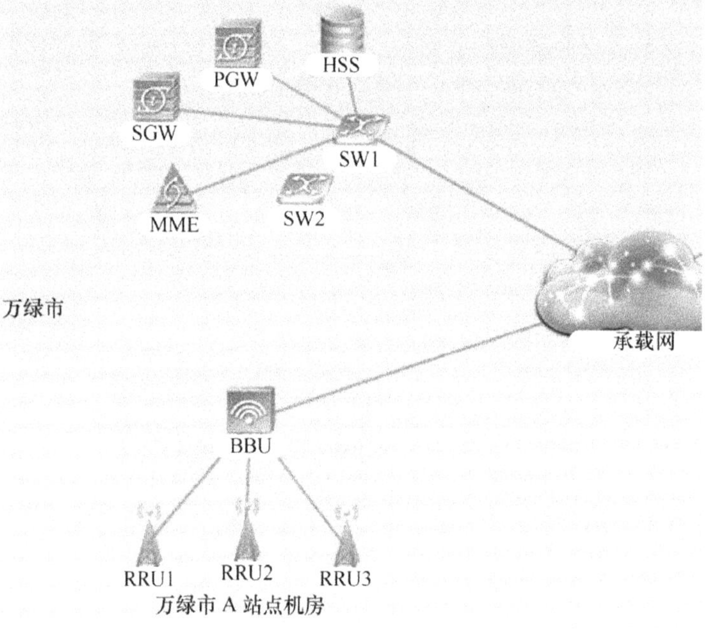

图　12-24

步骤 9：查看业务调试的业务观察，如图 12-25 所示。

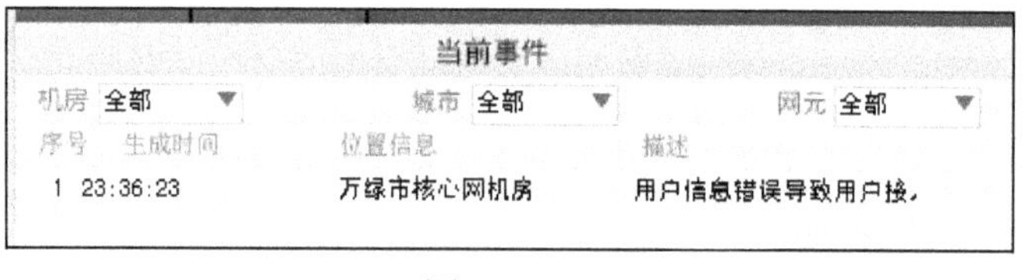

图　12-25

检查发现某个用户信息错误导致用户接入失败，产生这个故障的原因有很多，但总体应该是核心网网元的基本信息错误或者终端的基本信息错误导致的。排查每一个网元的基本信息，最后发现 PGW 的 PLMN 配置里面有错误，如图 12-26 所示。

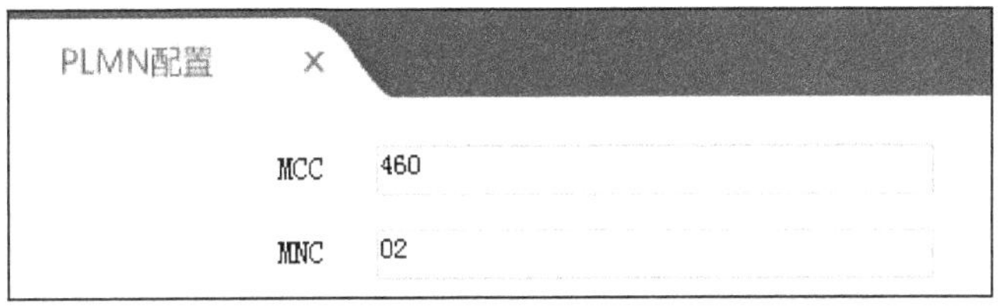

图　12-26

将 MNC 改为 01，如图 12-27 所示。

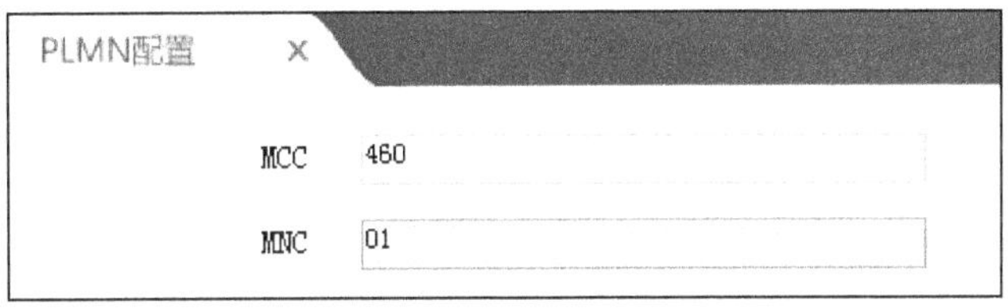

图　12-27

步骤 10：查看业务调试的业务观察，如图 12-28 所示。

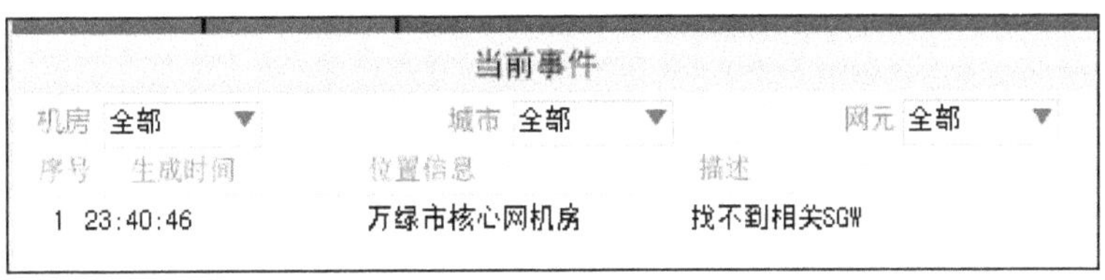

图　12-28

发现找不到相关 SGW 的错误，这个故障产生的原因是因为 MME 网元里面的 EPC 地址解析信息配置错误。查看 EPC 地址的地址解析，发现解析地址是 S1-U 的地址，如图 12-29 所示。

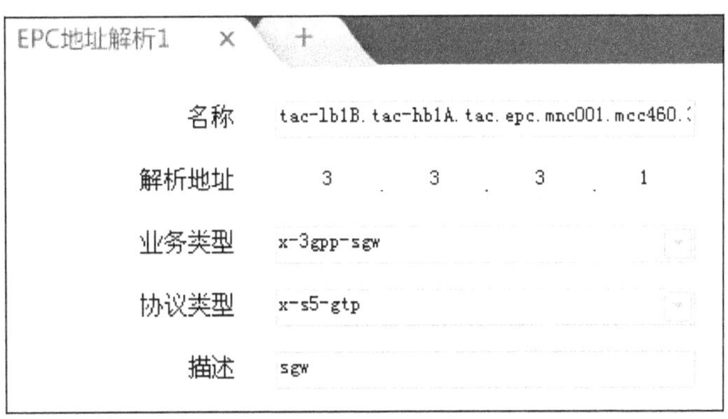

图　12-29

我们将其改为 SGW 的 S11 业务地址，如图 12-30 所示。

至此，我们检查告警和业务观察，故障均已经排查完毕。回到业务验证界面，发现可以拨测了，如图 12-31 所示。

再查看切换模式，选择 W1、W2、W3、W1，发现这 3 个小区可以互相切换，如图 12-32 所示。

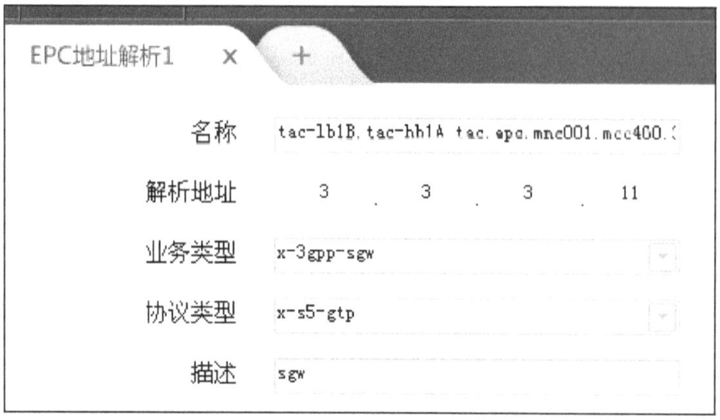

图 12-30

图 12-31

图 12-32

12.4 总结与思考

12.4.1 实习总结

在做无线与核心网排障的时候，可以先排查设备的连线错误，再排查数据配置错误，在排查数据配置错误的时候，一定要根据故障来一个接口一个接口地排查。

12.4.2 思考题

如果故障是找不到相关的 PGW 应该怎样排查？

12.4.3 练习题

请完成故障排查二和故障排查三。

缩略语

英文缩写	英文全称	中文名
3GPP	Third Generation Partnership Project	第三代合作伙伴计划
APN	Access Point Nane	接口点名称
ARP	Allocation and Retention Priortity	分级及保持优先
ARQ	Automatic Repeat reQuest	自动重传请求协议
BPSK	Binary Phase Shift Keying	二进制相移键控
CDF	cumulative distribution function	累计分布函数
CS	Circuirt Switching	电路交换
DFT	Discrete Fourier Transform	离散傅立叶变换
DRX	Discontinuous Reception	非连续接收
E-MBMS	Evolved Multimedia Broadcast and Multicast Service	演进型 MBMS
eNB	Evolution Node B	演进型 Node B
EPC	Evolved Packet Core	演进型分组核心网
EPS	E-UTRAN Radio Access Bearer	E-UTRAN 无线接入承载
E-UTRA	Evolved Universal Terrestrial Radio Access	演进型 UTRA
FEC	Forward Error coding	前向纠错
GERAN	GSM EDGE Radio Access Network	GSM/EDGE 无线接入网
GBR	Guaranteed Bit Rate	保障的比特率
GGSN	Gateway GPRS Support Node	网关 GPRS 服务节点
GPRS	Global Packet Radio Service	通用分组无线服务技术

续表

英文缩写	英文全称	中文名
GTP	GPRS Tunnelling Protocl	GPRS 隧道协议
GUMMEI	Globally Unique MME Identifier	全球唯一 MME 标识
GUTI	Globally Unique Temporary Ientifier	全球唯一临时标识
HARQ	Hybrid Automatic Repeat reQuest	混合自动重传请求
HeNB	Home eNB	家庭 eNB
HSDPA	High Speed Downlink Packet Access	高速下行分组接入
HSUPA	High Speed Uplink Packet Access	高速上行链路分组接入
HSS	Home Subscriber Server	归属地签约用户服务器
IFFT	Inverse Discrete Fourier transform	逆快速傅立叶变换
IMS	IP Muitimedia subsystem	IP 多媒体子系统
LTE	Long Term Evolution	长期演进计划
MAC	Media Access Control	媒体接入控制
MIMO	Multiple Input Multiple Output	多输入多输出
MME	Mobility Management Entity	移动性管理实体
MMEC	MME Code	MME 代码
MMEGI	MME Group Identifier	MME 组标识
NAS	Non Access Stratum	非接入层
OFDM	Orthogonal Frequency Division Multiplex	正交频分复用
PAPR	Peak to Average Power Ratio	峰均功率比
PDCP	Packet Data Convergence Protocol	分组数据汇聚协议
PDN	Packet Data Network	分组交换数据网络
PDU	Packet Data Unit	分组数据单元
PS	Packet Switching	分组交换
QAM	Quadrature Amplitude Modulation	正交调幅
QCI	QoS Class Identifier	QoS 类别标识
QoS	Quality of Service	服务质量
QPSK	Quadrature Phase Shift Keying	正交相移键控
RLC	Radio Link Control	无线链路控制
RRC	Radio Resource Control	无线资源控制
SAE	System architecture Evolution	系统架构演进
SAE-GW	System architecture Evolution Gateway	系统架构演进网关
SC-FDMA	Single Carrier-Frequency Division Multiple Access	单载频-频分多址接入
SDM	Spatial Division Multiple	空分复用

续表

英文缩写	英文全称	中文名
SDU	Servic Data Unit	业务数据单元
S-GW	Serving Gateway	服务网关
TAC	Tracking Area List	跟踪区列表
TA	Tracking Area	跟踪区
TAI	Tracking Area Identifier	跟踪区标识
TTI	Transmission Time Interval	传输时间间隔
UE	User Equipment	用户设备

www.ingramcontent.com/pod-product-compliance
Lightning Source LLC
LaVergne TN
LVHW070623061026
849580LV00019B/2968
9787115411570